藻类资源开发与利用丛书

山西蟒河猕猴国家级自然保护区的硅藻研究

刘 琪 著

海洋出版社

2022年·北京

图书在版编目（CIP）数据

山西蟒河猕猴国家级自然保护区的硅藻研究 / 刘琪著. — 北京：海洋出版社，2022. 9

ISBN 978-7-5210-1000-8

Ⅰ. ①山… Ⅱ. ①刘… Ⅲ. ①自然保护区-硅藻门-生物多样性-研究-阳城县 Ⅳ. ①Q949. 27

中国版本图书馆 CIP 数据核字（2022）第 161641 号

山西蟒河猕猴国家级自然保护区的硅藻研究

SHANXI MANGHE MIHOU GUOJIAJI ZIRANBAOHUQU DE GUIZAO YANJIU

责任编辑： 高朝君

责任印制： 安　森

海洋出版社 出版发行

http://www. oceanpress. com. cn

北京市海淀区大慧寺路 8 号　邮编：100081

鸿博昊天科技有限公司印刷

2022 年 9 月第 1 版　　2022 年 9 月北京第 1 次印刷

开本：710mm×1000mm　1/16　印张：11

字数：147 千字　　定价：86. 00 元

发行部：010-62100090　邮购部：010-62100072

总编室：010-62100034　编辑室：010-62100038

前言

蟒河位于山西省阳城县东南约 30 km 处，东起三盘山，西至指柱山，北临花园岭，南到省界。地理坐标为北纬 35°12′50″ — 35°17′20″，东经 112°22′10″ —112°31′35″，总面积 55.73 km^2，年平均气温 14℃，无霜期 200～240 天，年降水量 600～900 mm，空气湿润，受季风影响不大。1983 年 12 月 26 日，经山西省人民政府批准，蟒河建立了以保护猕猴和森林生态系统为主的省级自然保护区；1998 年 8 月 18 日，又经国务院批准为山西阳城蟒河猕猴国家级自然保护区。

本区位于暖温带向亚热带的过渡地带，生物资源十分丰富，区系成分复杂。据初步调查，高等植物有 882 种，脊椎动物有 70 科、285 种，昆虫有 600 余种，属于国家重点保护的野生动物有金钱豹、猕猴、金雕、黑鹳和大鲵等 28 种。本区主要保护对象为太行猕猴，属猕猴华北亚种，为中国特有。

硅藻是水生生态系统中最重要的初级生产者，同时生活史短，对水环境变化敏感，样品易于鉴别和保存，被认为是最佳的水环境指示生物。硅藻还是重要的生物资源，一些初级消费者喜欢以硅藻为食。作为许多水生生态系统食物链的基本组成成分，硅藻在水生生态系统中起着非常重要的作用。

蟒河是黄河的支流，所处的自然保护区是黄河的重要水源涵养地，也是太行山区少数森林植被保存完好的地区之一。保护区内沟谷纵横，小生境丰富，分布于其中的硅藻种类也较丰富。对蟒河弥猴国家级自然保护区开展硅藻的分类研究以及与环境相关性等方面的工作，可以完善我国硅藻植物的生物多样性，为硅藻的系统演化、生物地理学以及水生生态环境保护等方面的研究提供有力的依据。

本书共收录采自蟒河猕猴国家级自然保护区的硅藻 159 个分类单位，隶属于 3 纲 13 目 25 科 54 属，其中发现新种 1 个：*Encyonema oblonga*。同时提供了鉴定文献、形态特征描述、采样点及每个物种在全国及世界的分布情况。本文还对蟒河地区的硅藻植物群落结构多样性进行计算分析，应用 Shannon-Wiener 多样性指数、Simpson 指数、Margalef 多样性指数以及 Pielou 均匀度指数，结合蟒河地区硅藻的种类组成与群落结构对水体进行评价，数据显示蟒河地区的水质为轻度污染水体。

目　录

第 1 章　绪　　论

1.1　硅藻简介

硅藻的英文名称为“Diatom”，这个词起源于希腊语，是指它们的细胞壁可以“分成两部分”（Kociolek，2007）。

硅藻是一类具有硅质化细胞壁、单细胞的真核藻类，长 2～500 μm，呈单细胞或群体生活。硅藻通过叶绿素 *a* 和叶绿素 *c* 进行光合作用，细胞内的墨角藻黄素和 β 胡萝卜素使细胞呈现黄色，主要储存物质是油脂和金藻昆布糖。硅藻能够吸收水体中的硅质，通过生物矿化作用将硅吸收到细胞壁中。硅藻的细胞壁由上下两个壳套合而成，外形类似培养皿或胶囊。其中一个壳稍大于另一个，较大的壳称为上壳，较小的称为下壳，在两个壳之间是一些薄、弯曲的硅质环带，上下壳和环带组成了硅藻细胞。壳面一般呈辐射对称或左右对称，壳面上具有一些孔和穿孔，细胞内的物质通过这些孔和穿孔来进行营养物质的吸收和代谢废物的排出（Kociolek，2007）。硅藻的壳缝系统有助于它们在水底的表面运动，也可以在沙砾的表面或者潮汐带的泥表甚至其他硅藻上运动。一些硅藻可以形成黏液管，在管内进行上下运动。不同的硅藻具有不同的运动能力，它们的运动能力主要取决于壳缝系统的发育程度。

硅藻具有不同的生活史策略，这使它们能够经受全球气候的多变。硅藻主要通过营养生殖进行细胞分裂，即一个细胞分裂成两个新的细胞。子代细胞是在亲代细胞中形成的，由于硅质细胞壁不能扩大，所以子代细胞要小于亲代细胞。此外，子代细胞含有亲代细胞的一半，新形成的一半细胞壳面体积要小于亲代细胞壳面。由于一些种类的硅藻在群体内会变得越来越小，因此相关的外形也会发生变化。这种体型的形态变化被称为“规模减小系列”，在硅藻的分类研究方面起着非常重要的作用。硅藻通过有性生殖或无性生殖形成复大孢子来恢复最大体积，然后产生具有正常形态的硅藻细胞（Kociolek，2007）。

硅藻出现在地球上的时间已经有了考证。研究发现，中心类的硅藻（center diatoms）是最早出现的，它们产生于侏罗纪至晚白垩世；无壳缝类的硅藻（araphid diatoms）产生于晚白垩世；具壳缝类的硅藻（raphid pennate diatoms）产生于三叠纪（李家英和齐雨藻，2014）。

硅藻的种类多，分布广。目前已有 60 000 种硅藻被报道过（Kociolek，2007），这个数量和已经报道过的鱼的种类数一样（Eschmeyer，1998），但是世界上许多地方的硅藻还没有被调查。硅藻在有水的生境中——海洋、湖泊、溪流、苔藓地、土表甚至树皮上——几乎都有分布。硅藻以单细胞或者形成简单的丝状体或群体生长。浮游的种类具有形态适应性使它们在水体中能保持悬浮状态，例如：有的群体可以通过细胞的硅质刺使细胞形成长链防止它们下沉；有些种类的群体可以形成“Z”字形或放射形的排列来防止下沉；有些硅藻种类还可以附着在岩石或者水生植物表面，这些硅藻的壳体形态可能是拱形或弯曲的，这样非常适合附着在水生植物的茎上；一些种类形成粘管或者粘垫，它们的作用是使细胞固定在一个地方，以抵抗河流中的波浪和激流。

硅藻是重要的生物资源。硅藻是水体中的初级生产者，一些初级消费者喜欢以硅藻为食（Kelly et al.，1998），硅藻是许多水生生态系统食物链的基本组成成分（Fry and Wainright，1991），在水生生态系统中起着非常重要的作用。硅藻在全球范围内以光合作用产生的氧气大于所有雨林生态系统产生的氧气，据估计，地球上大约 40%的氧气是通过硅藻的光合作用产生的（Falkowski et al.，2000）。硅藻细胞可以通过光合作用将能量储存起来，并转化为金藻昆布多糖和脂类，许多富含脂类的硅藻种类被用于研究生物燃料。硅藻在时间上和空间上分布性广，不同种类的分布不同，并且能很好地保存下来，现在它已成为古环境重建以及环境监测中非常好的工具（Kociolek，2007）。关于硅藻的新的研究方向还包括生物多样性保护、天体生物学、纳米技术以及生物燃料等。

1.2　硅藻研究概况

1.2.1　硅藻分类学研究

硅藻的分类学研究主要是依据其壳面的对称性，壳缝类型，壳面上孔纹的数量、类型以及位置来进行的。

1703 年，一位英国乡村绅士用简单的显微镜观察浮萍的根部时，发现一些长方形和正方形的分枝状物质附着在根表面或游离在水中。他对这一现象进行了描述并绘图，这可能就是世界上对硅藻的首次报道，现在我们把他当时所描述的种类称为 *Tabellaria flocculosa*。列文虎克当时也可能观察到了硅藻，他观察到这些有机体是运动的，所以他认为，这些有机体是动物而不是植物。接下来对硅藻的报道是在 1753 年，Baker 在《显微镜的使用》一文中，描述了共同生长在泥中的“发状昆虫”和“燕麦状动物”，“发状昆虫”确定是颤藻 *Oscillatoria*，“燕麦状动物”可能是硅藻（*Craticula cuspidate*）（Round et al.，1990）。在林奈于 1767 年发表的 *Systema Naturae* 一书中，将一些硅藻列于 Zoophyta（zoon，animal，fyton，plant）中蠕虫类（Vermes）之下，并且混合了很多不同的生物体（Williams and Patrick，2011）。

在 18 世纪后半期，人们开始用拉丁名命名硅藻。在这个时期，Müller 发现的 *Vibrio paxillifer* 在 1791 年被 Gmelin 定为硅藻的第一个属 *Bacillaria*。

Müller 当时还将其他两种硅藻包括在了 *Vibrio* 中，分别为 *Navicula* 和 *Nitzschia*。Müller 认为他所发现的 *Vibrio* 是一种动物，应该和纤毛虫、变形虫、鞭毛虫等归为一类（Round et al.，1990）。

直到 19 世纪中期，人们仍对硅藻应该划为植物还是动物有很大的争议。Ehrenberg 通过对世界上许多地方的活体和化石硅藻的观察，认为硅藻是一类小型的动物，具有口和胃。当时 Bory 和 Ehrenberg 都认为这些可以运动、单细胞的、形态上像动物的物种应该归到动物界。Kützing 在 1844 年发表了一篇文章，文章中他认为硅藻是一种植物，因为它们和高等植物一样，可以放出氧气。从这个时候开始，大家承认硅藻是一种植物，并将它归为藻类（Round et al.，1990）。

在 1844—1900 年间，随着显微技术的发展，除硅藻分类学外，许多硅藻生物学方面的研究也随之开展。这一时期是硅藻探索和采集的黄金时期，Grunow 和 Cleve 等硅藻学家报道了世界范围内的许多硅藻属（Round et al.，1990）。19 世纪 60—80 年代，Grunow 报道了 42 个新属。Ehrenberge 在 1830—1873 年的 40 多年间，发表了 135 个硅藻新属，其中有 62 个是在 1843—1844 两年间发表的。Kützing 在 1833—1854 的 20 年里发表了 46 个新属。到 1896 年，全世界一共报道了硅藻属 500 个（Fourtanier and Kociolek，1999）。这个时期所建立的分类系统在之后 80 年里仍占统治地位（Round et al.，1990）。20 世纪前中期，硅藻分类研究主要还是借助光学显微镜来进行观察。到 1970 年，全世界共报道了硅藻 750 个属（Fourtanier and Patrick，1999）。

1970 年至今，随着电子显微技术的发展，硅藻的研究方法不断进步，硅藻新属不断被报道。据对硅藻新属最近的统计，全世界已经报道了 1 093 个硅藻属（Kociolek and Spaulding，2003），60 000 种硅藻（Kociolek，2007）。目前，硅藻的新属、新种以及化石种还在不断地被发现。

有人认为，当代硅藻研究是从 Round 等（1990）开始的，但是也有一些硅藻学家持有不同意见。他们认为，从 1979 年 Simsonsen 提出的分类系统以后，硅藻分类研究便进入了一个新的时期，理由如下：(1) 对硅藻类群的研究从专注于种水平转移到了属水平；(2) 对硅藻开始有了分子学方面的研究；(3) 新的硅藻种类及化石种类的激增，为硅藻研究提供了更有力的数据 (Willians and Kociolek，2011)。

1.2.2 硅藻分类系统研究

在对硅藻的研究中，人们发现硅藻壳面具有复杂的结构及对称性，这些结构非常稳定，所以这些壳体的形态特征形成了硅藻最基本的鉴定和分类的依据。然而，早期对硅藻形态学的解释并不是非常准确。比如，第一次对壳缝的描述是：线形，在壳面的中部被中央节打断。而在 *Nitzschia* Hassall、*Surirella* Turpin、*Cymatopleura* Smith 等一些属中，壳缝是位于壳面边缘或者围绕壳面一周的，这一点当时并没有被大家认识到。直到 1896 年，Müller 观察到了这一结构，并且指出了壳缝的作用，他认为壳缝是帮助壳体进行运动的 (Cox，2011)。

Smith (1872) 将壳面的形态、对称性、壳缝与中央节的存在与否作为硅藻分类的依据，将硅藻分为 3 类：具壳缝类 (上下壳面或一侧壳面具壳缝)；拟壳缝类 (具轴区但没有真正的壳缝)；无壳缝类 (通常呈环形，近环形或带状，但没有真正的壳缝)。

Pfitzer (1871) 依据叶绿体的形态对硅藻进行了分类。

基于 Müller 在 *Nitzschia*、*Surirella* 等一些属中发现了壳缝，Schütt (1896) 提出了新的分类系统，他将硅藻分为中心纲 (Centricae) 和羽纹纲 (Pennatae)，羽纹纲又分为无壳缝类和具壳缝类。属的分类主要依据其壳面的不同纹饰，但是光学显微镜只能提供一个类似 3D 的结构，硅藻壳面超微结构很难被观察到 (Cox，2011)。尽管如此，依据传统的光学显微镜观察到的形态特征的术语依旧被硅藻学家沿用至今，比如，中心类、羽纹类、具壳缝类、无壳缝类等。

Schütt之后也有一些硅藻学家对硅藻的分类系统做了修改，比如，Hustedt（1930）的分类系统将硅藻分为2个纲：中心纲（Centricae）和羽纹纲（Pennatae）。中心纲分为3个亚纲：盘状藻亚纲（Discoideae）、管状藻亚纲（Solenoideae）及盒形藻亚纲（Bidulphideae）；羽纹纲分为4个亚纲：无壳缝亚纲（Araphideae）、短壳缝亚纲（Raphidioideae）、单壳缝亚纲（Monoraphidioidae）和双壳缝亚纲（Diaphideae）。Hustedt的分类系统是建立在Schütt的分类系统基础上的。

Simonsen（1979）结合Schütt和Hustedt的分类系统，将硅藻分为中心硅藻目（Centrales）和羽纹硅藻目（Pennales），中心硅藻目包括Coscinodis-cineae、Buddulphineae、Rhizosoleniineae，羽纹硅藻目包括Araphidineae、Raphidioidineae。Krammer和Lange-Bertalot（1986）所出的专著中主要依据Simonsen的分类系统，只有部分做了很小的修改。

Round等（1990）结合电子显微镜对壳体进行超微结构的观察并与叶绿体形态等特征结合，详细描述了海水硅藻和淡水硅藻的287个属，通过很多清晰的电镜照片详细论述了分属的形态学依据，提出了新的分类系统。他们将硅藻作为一个门——硅藻门（Bacillariophyta），根据硅藻的有性生殖特征、壳面结构以及壳缝等特征将硅藻分为3个纲：①圆筛藻纲（Coscino-discophyceae），卵配生殖，辐射对称；②脆杆藻纲（Fragilariophyceae），异配生殖，无壳缝的羽纹硅藻；③硅藻纲（Bacillariophyceae），异配生殖，具壳缝的羽纹硅藻（李家英 等，2010）。这一硅藻分类系统至今仍被硅藻研究者广为采用。

Nikolaev和Harwood（2002a，b）对中心类的化石硅藻进行了分类研究，他们将所有中心类的硅藻设为一个纲Centrophyceae，其下分为6个亚纲。

Medlin等（2004）根据SSU序列系统分析结果，结合形态学、有性生殖、化石等证据，对硅藻类大的分支系统和分类进行了修订，对硅藻系统演化进行了重建（胡鸿钧和魏印心，2006）。但是，一些硅藻学家并不认同

Medlin的分类系统，他们认为，现有的硅藻序列数据不支持Medlin的CMB假说（Theriot et al.，2009），并且文中所提的Coscinodiscophytina和Mediophyceae也不是单系的类群（Williams and Kociolek 2011）。

据估计，地球上大约有20万种硅藻，目前被描述过的硅藻种类大约有24 000个，这只占预估硅藻种类的12%，并且其中只有少部分有扫描电子显微镜（SEM）的照片（Julius，2007）。对硅藻的分类研究，仍然有很长的路要走。

1.2.3 硅藻生物地理学研究

随着交通日益便捷，人们的活动范围不断扩大，越来越多地区的硅藻开始被硅藻学家研究。现在世界各大洲都已有对硅藻的报道，对硅藻区系研究比较系统的是欧洲和北美洲，已经出版了许多硅藻专著，例如，*Die Süßwasser-Flora Mitteleuropas*（Hustedt，1930）、*The diatoms of the United States*（Patrick and Reimer 1966，1975a）、*Süßwasserflora von Mitteleuropa*（Krammer 1997a，b；Krammer and Lange-Bertalot 2000，2003）。此外，还有一些系列图书*Iconographia Diatomologica*和*Diatom of Europe*等。这些系列图书主要以调查某个地区的硅藻植物群落为主，例如：Metzeltin and Lange-Bertalot（1998）报道了南美洲的700种硅藻植物，其中一些是新热带区系的典型代表种；Rumrich等（2000）研究了安第斯山脉的硅藻植物群落，发现了888个种；Lange-Bertalot等（2003）对地中海的第二大岛——Sardinia岛上的硅藻植物进行了研究，发现了77个新种；Metzeitin等（2009）报道了蒙古的硅藻植物615个种，其中有65个新种；Kulikovskiy等（2012）研究了俄罗斯贝加尔湖的硅藻，他们在贝加尔湖发现200多个新种以及170多个待定种。此外，还有一些报道区系分类研究的杂志如*Diatom Research*、*Bibliotheca Diatomologica*等。

硅藻似乎无处不在，但是越来越多的争议是：是否个别物种是世界性的或具有地理分布性。Finlay（2002）认为，一种微生物如果具有非常小的体积、非常大的群体数量以及足够的时间，在风和迁徙水鸟作为传播媒介的情况下，它应该到处都能被发现。相反，有人认为微生物的分布由地质历史、系统发育历史以及进化的过程决定（Telford et al.，2006）。越来越多的数据显示淡水硅藻的分布是受限制的，大约有 100 多个种类是由于人类的活动才呈广泛分布的（Kociolek and Spaulding，2000）。对硅藻进行分类学研究可以更好地促进区系研究。

1.2.4 硅藻生态研究

硅藻的生态研究可以大致分为以下 3 个时期：

探索时期，1830—1900 年，主要以发现新种和探究硅藻的生活史、生理机能以及地理分布为主。至今，硅藻的新种还在不断被发现，对于硅藻研究工作者来说，硅藻的探索阶段还并没有结束。在过去的 10 年里，新种的数量以平均每年 400 个的速度被发现。

系统化时期，1900—1970 年，随着显微技术的发展，人们开始观察到越来越多的硅藻种类。这时候，人们开始将水体中众多的理化数据与硅藻数据建立联系，比如，将 pH、温度、盐度等与硅藻的种类联系起来，分辨出哪些种是嗜酸性的或嗜碱性的，哪些是海水种或淡水种。

现代属于硅藻生态研究的客观化时期，20 世纪 70 年代后，扫描电子显微镜的出现以及计算机的逐渐普及，使得大量的数据可以得到快速、精确的处理。这时硅藻开始在水文、气候、湖泊酸化、富营养化等环境监测方面发挥重要作用（Nagy，2011）。

一般来说，硅藻的种类与水体中的化学因素有关。硅藻的种类与环境的 pH 及盐度有明显的相关性。硅藻对其他环境因素变化也有一定的适应性和耐受性，包括营养盐的浓度、颗粒悬浮物、导电率和人为干扰。

人们很早就开始用硅藻对环境进行监测和评价。用硅藻来对河流和溪流的环境状况进行评价主要有两个基本的方法：一是基于 Kolkwitz 和 Marsson（1908）的方法——个体生态学指数，通过种类的组成、生态偏好性以及种的耐受性来推断污染程度。二是 Patrick（1949）早期的研究，他依据生物多样性来评价水体的健康状况。他认为，种类的组成是呈季节性的，但是种类的多样性变化不大。这两个方法的不同之处在于他们的出发点不同，一个是推断污染水平，另一个是确定生物多样性。如今，世界上很多国家都在用硅藻对水体的生态环境进行评价（Asai，1996；Wu，1999；Taylor et al.，2007）。

硅藻的种类可以作为水体酸碱度的指示者。Hustedt（1937—1939 年）通过对广泛采集于各种生境的 650 个样品进行了观察，认为不同的硅藻种类对 pH 具有不同的偏好性，并且将硅藻分为了五大类：①嗜碱性的类群：出现在 pH 值大于 7 的水体生境中；②喜碱性的种类：出现在 pH 值大于 7 的生境中，并且呈广泛分布的种类；③中性的种类：在 pH 值为 7 左右的生境中都有分布的种类；④喜酸性的种类：出现在 pH 值小于 7 的生境中，并且呈广泛分布的种类；⑤嗜酸性的类群：出现在 pH 值小于 7 的水体生境中，在 pH 值为 5.5 的生境中最适宜生长的种类。在欧洲和北美洲，人们用硅藻来研究由于酸雨所引起的水体酸化问题。

硅藻是古环境古生态研究的重要材料。海洋和淡水沉积物中的活体硅藻和化石硅藻，由于其硅质的细胞壁不易分解，古环境学家用它对环境的偏好性来推断过去水体的环境状况。硅藻也可以应用于古生态领域，科学家通过对硅藻细胞在现代环境中的分布和丰度，去推断当时各种环境因子的状况，比如，pH、硅离子浓度等，进而去推断当时水体的生态特点。

1.2.5 硅藻在其他方面的研究

硅藻是重要的微生物化石类群，它们在新生代迅速演化，与别的生物不同的是，硅藻可以生活在海水、半咸水和湖相沉积物中，因此，硅藻可以用于辅助测定不同环境中的沉积物年代。硅藻的化石可以反映它们当时生存的环境，它的细胞壁为所在岩层的古化学的测量提供了重要的信息。此外，硅藻还可以用来测定石油和天然气的年代（Krebs et al.，2010）。

硅藻可以用来推断脊椎动物的丰度。比如，鸟、鱼和鲸等生物迁徙时，它们携带大量的营养物质，当这些生物经过湖泊等水体时，将大量的营养物质输入这些水体中。水体中的营养物质开始波动，而硅藻的群落组成极易受水体中的营养物质影响，科研人员便可以借硅藻来对脊椎动物的群落动态进行研究（Gregory-Eaves and Keatley，2010）。

硅藻光合作用产生的物质主要为油脂，不同种类的硅藻，油脂的含量不同，有些硅藻学家根据硅藻的这一特性，用硅藻来进行新能源的研究。此外，由于硅藻具有精美的纹饰，它还是建筑学、纳米技术等研究中非常好的材料。

1.3 我国淡水硅藻植物的分类学研究进展

对中国硅藻最早的记载，是欧洲人 Ehrenberg 在皇家普鲁士学院的会议报告中对中国硅藻的记录。波兰人 Skvortzow 是研究我国淡水藻类的外国人中成果丰硕的一位，他于 1902 年来到中国的哈尔滨，开始对我国的藻类进行研究。他采集了中国很多地方的硅藻，并报道了很多新种类（Skvortzow 1929，1936，1938 a，b，c）。

1922 年，Hustedt（1922）报道了由 Sven Hedin 在 1894—1901 年间采集于西藏北部和中部，帕米尔东部的标本中的 163 种硅藻及 40 个变种和 3 个变型。

1937 年，Skuija（1937）报道了由 Handel-Mazzetti 在 1914—1918 年间采集于云南西北和四川西南，横断山脉地区的 187 种硅藻及 83 个变种和 11 个变型。

饶钦止在 1964 年发表了《西藏南部地区的藻类》一文，这是我国藻类学家首次发表的有关硅藻的文章。

1978 年，金德祥从硅藻的生殖、化石等方面探讨硅藻的演化，并发表了《硅藻分类系统的探讨》一文，提出了新的分类系统。他将硅藻独立为一个门，分为中心纲和羽纹纲。中心纲分为 2 目 8 科 3 亚科；羽纹纲分为 2 目 12 科。

1978 年 9 月在广西桂林召开的“中国藻类系统发育和分类系统学术会议”中，我国藻类学家将硅藻单列为一门，于金藻门之后。

我国第一次比较系统、全面地对硅藻进行区系研究的是中国科学院。中国科学院分别在 1961 年、1966 年、1973—1976 年先后 6 次对西藏进行了多学科综合科学考察。此研究在西藏观察到硅藻门 2 纲 7 目 12 科 44 属 906 个种，其中，中国首次记录的有 168 个种。研究还分析了西藏高原硅藻植物区系分布和生态特点（朱蕙忠和陈嘉佑，2000）。西藏地区的硅藻植物从调查到研究结果出版，花费了几十年的时间。

近些年，对硅藻分类、区系及生态的研究在慢慢增多。尤庆敏（2006）对中国新疆硅藻区系分类进行了研究；刘妍（2010）对大兴安岭的硅藻进行了分类生态研究；李博（2013）对四川牟尼沟的硅藻进行了分类生态研究；倪依晨（2014）研究了中国西南山区的硅藻植物；刘琪（2015）对若尔盖湿地及其附近水域的硅藻生物多样性及生态进行了研究，观察到硅藻植物 357 个分类单位，其中新种 21 种，中国新记录种 29 种；罗粉（2021）对横断山区的硅藻进行了整理，共鉴定出硅藻 1 106 个分类单位，包括 120 属 1 423 种，并对该地区的种类组成、区系特征和生态进行了分析。此外，还有一些对某些地区专科专属的报道，例如，李艳玲等（2003，2007）报道了我国横断山区和珠穆朗玛峰山区的桥弯藻科（Cymbellaceae）和异极藻科（Gomphonemataceae）的硅藻；尤庆敏（2009）对中国淡水管壳缝目硅藻进行了研究。最近几年，开始有更多的科研工作者加入了硅藻生物多样性的研究行列，在此不一一赘述。

目前，《中国淡水藻志》硅藻门，第四卷中心纲（齐雨藻，1995），第十卷羽纹藻（李家英和齐雨藻，2004），第十二卷异极藻科（施之新，2004），第十四卷舟行藻科Ⅰ（李家英和齐雨藻，2010），第十六卷桥弯藻科（施之新，2013），第十九卷舟行藻科Ⅱ（李家英和齐雨藻，2014），第二十三卷舟行藻科Ⅲ（李家英和齐雨藻，2018）都已正式出版。

1.4 蟒河猕猴国家级自然保护区硅藻研究现状及研究意义

山西阳城蟒河猕猴国家级自然保护区（简称“蟒河自然保护区”）位于山西省阳城县东南约30 km处，区内气候温暖，雨量充沛，加之区内沟谷纵横，局部范围水热条件得以重新分配，形成了多种多样的小生境，适合多种野生植物的生长发育，植物资源较为丰富，素有“山西植物资源宝库”的美称（张军等，2004）。在对蟒河自然保护区的植物资源调查研究中，有关种子植物的研究较多，如张殷波等（2003）对山西蟒河自然保护区种子植物区系进行了研究，发现该保护区种子植物有866种，隶属于103科435属，其中裸子植物3科5属6种，被子植物100科430属860种（双子叶植物90科364属748种；单子叶植物10科66属112种）；张军等（2004）调查分析了蟒河自然保护区野生植物资源，发现种子植物98科388属876种，并就野生植物资源的开发利用保护提出了建议；张青霞（2015）对蟒河自然保护区的野生南方红豆杉资源和极小植物进行了调查。相比种子植物的研究，有关孢子植物的调查研究较少，仅在2007年王桂花等报道了蟒河自然保护区的苔藓植物15科23属37种及2变种（苔类5科5属5种，藓类10科18属32种2变种），其中10种及2变种为山西省内的新发现。樊文博（2020）通过对蟒河风景区硅藻生态位的研究，推测该区域水质比较清洁。

蟒河自然保护区区内沟谷纵横，小生境丰富，分布于其中的硅藻种类也较丰富。对蟒河自然保护区开展硅藻的分类、区系以及与环境相关性等方面的工作，可以为我国硅藻植物的生物多样性、系统演化、生物地理学等方面的研究提供有力的依据；发现新的硅藻分类单位及新记录种类，弥补蟒河区域硅藻植物研究的空缺。通过分析该地区底栖硅藻的多样性构成、分布，并应用 Mcnaughton 优势度指数、Shannon–Wiener 多样性指数、Simpson 指数、Margalef 多样性指数及 Pielou 均匀度指数，对蟒河地区的底栖硅藻多样性及水质状况进行分析；并通过聚类分析及相似性分析来比较不同季节和不同生境对硅藻群落的影响，为蟒河自然保护区的植物及水质保护和发展提供基础数据和参考。

第 2 章　研究区域及方法

2.1　蟒河自然保护区自然概况

蟒河自然保护区位于山西省阳城县东南约 30 km 处，北纬35°12′50″—35°17′20″，东经 112°22′10″—112°31′35″。蟒河自然保护区东起三盘山，西至指柱山，北临花园岭，南到省界，面积 55. 73 km^2，区内地形复杂，沟壑纵横，最高峰指柱山海拔 1 573 m，最低处拐庄沟海拔 500 m，相对高差 1 073 m。蟒河自然保护区四季分明，年平均气温 15℃，无霜期 200 ~ 240 天，年降雨量 700 ~ 800 mm，属暖温带季风型大陆性气候，是东南亚季风的边缘地带。区内主要出露中元古界长城系北大尖组浅肉红色、紫红色石英岩状砂岩，下古生界寒武系馒头组钙质页岩、粉砂质泥岩，张夏组泥质条带微粉晶灰岩、生物碎屑灰岩和鲕粒灰岩，寒武系—奥陶系三山子组白云岩以及部分新生界第四系松散沉积物等（沙东和闫冰华，2021）。

2.2　研究方法

2.2.1　标本采集

硅藻的体积非常小，在野外采集标本时，很难用肉眼观察到，一般的方法是根据颜色来判断。由于硅藻的色素体呈金黄色，我们在泥土的表面，草叶和丝状藻等生物体上可以发现一些褐色的黏性物质，这些就是硅藻。

在淡水生境中，最常用的采集方法是从生活在水体中的多细胞绿藻或者水生植物的茎上采集硅藻。将这些绿藻或水生植物的茎取下，放置于密封的塑料袋（或瓶）中用力摇晃，生长于其上的硅藻通过摇晃会悬浮到水体中，这时可以看到塑料袋（或瓶）中的水迅速变成了褐色或深绿褐色。用这种方法重复 4~5 次，然后除去水中的绿藻或大型的植物体，将采集到的硅藻倒入标本瓶中。这样可以从绿藻上采集到大部分硅藻，并且不损坏硅藻本身的壳面结构。

针对淡水硅藻还有一些其他的采集方法。由于硅藻喜欢冷水生境，并且不喜欢阳光的直接照射，所以在睡莲叶子的背面，或者桥梁的背阴处会栖息着大量的硅藻。有些硅藻附着在植物的茎上，使植物的茎呈现出毛茸茸的状态，我们可以用手很容易地将它们从植物的茎上撸到标本瓶中。有些硅藻喜欢生长于潮湿的石头或者木头表面，使石头或木头表面呈黏液状，通过分辨这些黏液的颜色也可以采集硅藻。曾经生长于非常清洁的高山水体中的一种硅藻——双生双楔藻（*Didymosphenia geminate*），由于附着在渔民的鞋底上，被人为带到了别的生境，然后从高山生境逐渐分布到了世界各地。它是一种非常厉害的入侵种，可以生长在水体底部的石头上，群体看起来像非常脏的绒布。一些桥弯藻（*Cymbella*）的种类可以生长在小的胶质管中，群体看起来像一堆柔软的、褪了色的绿藻。在显微镜下观察，这些排列在胶质管中的桥弯藻像豆荚中的蚕豆。有的淡水硅藻呈单细胞状态，生长在水体底部的沙砾上，呈棕色或黄褐色。如果水体流动稳定，硅藻可以在水底的岩石上沉积，这些硅藻可以用吸管来进行采集（Nagy，2011）。

在 2017 年 9 月、2018 年 3 月以及 2018 年 7 月（分别代表秋季、春季、夏季 3 个季节）对蟒河自然保护区硅藻植物进行采集，共采到 162 号标本。所有采集到的标本均保存于山西大学孢子植物实验室。

采集工具：25 号浮游生物网、镊子、pH 计、温度计、全球定位系统设备、Seba 多参数水质分析仪、标本瓶、标签纸等。

采集方法：浮游藻类标本采用 25 号浮游生物网采集，附着藻类标本采用镊子或小刀刮取，底栖藻类标本用吸管轻轻吸取土表上层。

标本保存：野外采集标本现场用 4%的甲醛固定于标本瓶中，带回后直接保存于标本柜中。采集回的硅藻标本经酸处理后用 75%的酒精保存于 1.5 mL 的 EP 管中。具体采集地点及信息见表 2.1。

表 2.1　标本采集记录

标本号	采集地	采集时间	生境	pH 值	水温/℃
MH201709027	蟒河源头	2017-09-26	丝状藻附着	7.72	13.4
MH201709028	蟒河源头	2017-09-26	苔藓附着	7.72	13.4
MH201709029	蟒河源头	2017-09-26	底栖	7.72	13.4
MH201709030	蟒河源头	2017-09-26	底栖	7.72	13.4
MH201709031	蟒河源头下斜坡处	2017-09-26	念珠藻附着	8.08	13.7
MH201709032	蟒河源头下斜坡处	2017-09-26	苔藓附着	8.08	13.7
MH201709033	蟒河源头下斜坡处	2017-09-26	丝状藻附着	8.08	13.7
MH201709034	蟒河源头木桥边大石头上	2017-09-26	蓝藻附着	8.08	13.7
MH201709035	蟒河源头木桥边东侧水坑	2017-09-26	丝状藻附着	8.08	13.7
MH201709036	蟒河源头木桥边东侧水坑	2017-09-26	底栖	8.08	13.7
MH201709037	蟒河源头木桥东侧	2017-09-26	丝状藻附着	8.08	13.7
MH201709038	蟒河源头木桥东侧褐色小水坑	2017-09-26	底栖	8.08	13.7
MH201709039	蟒河源头木桥东侧清澈的水坑	2017-09-26	石壁上附着	8.08	13.7
MH201709040	蟒河源头木桥边水坑	2017-09-26	底栖	8.08	13.7
MH201709041	蟒河源头第一台阶口下方	2017-09-26	底栖	8.08	13.7
MH201709042	二龙戏珠指示牌台阶下方	2017-09-26	苔藓附着	8.08	13.7
MH201709043	二龙戏珠指示牌台阶下方	2017-09-26	底栖	8.08	13.7
MH201709044	二窟龙	2017-09-26	色丝状藻附着	8.60	14.7
MH201709045	二窟龙	2017-09-26	苔藓附着及底栖	8.60	14.7
MH201709046	二窟龙	2017-09-26	绿色丝状藻附着	8.60	14.7

续表

标本号	采集地	采集时间	生境	pH值	水温/℃
MH201709047	二窟龙	2017-09-26	底栖	8.60	14.7
MH201709048	西侧静止水池	2017-09-26	底栖	8.60	14.7
MH201709049	西侧静止水池	2017-09-26	底栖	8.60	14.7
MH201709050	西侧静止水池	2017-09-26	底栖	8.60	14.7
MH201709051	绿色石壁	2017-09-26	石壁附着	8.60	14.7
MH201709052	绿色的石壁	2017-09-26	苔藓附着	8.60	14.7
MH201709053	长台阶，小沙滩	2017-09-26	浮游	8.60	14.7
MH201709054	长台阶，小沙滩	2017-09-26	水草附着	8.60	14.7
MH201709055	长台阶，小沙滩	2017-09-26	底栖	8.60	14.7
MH201709056	黄色木头桥东侧	2017-09-26	底栖	8.68	15.7
MH201709057	黄色木头桥西侧	2017-09-26	底栖	8.68	15.7
MH201709058	黄色木头桥西侧	2017-09-26	浮游	8.68	15.7
MH201709059	捏腰崖石头路西侧	2017-09-26	底栖	8.68	15.7
MH201709060	捏腰崖石头路西侧	2017-09-26	轮藻附着	8.68	15.7
MH201709061	捏腰崖石头路东侧	2017-09-26	底栖	8.68	15.7
MH201709062	支腰崖	2017-09-26	底栖	8.68	15.7
MH201709063	饮马泉（瀑布）	2017-09-26	底栖	8.68	15.7
MH201709064	两个长木条桥中间石头壁上	2017-09-26	苔藓附着	8.68	15.7
MH201709065	石头桥西侧	2017-09-26	丝状藻附着	8.52	15.8
MH201709066	石头桥西侧	2017-09-26	底栖	8.52	15.8
MH201709067	银流瀑布居民住宅旁	2017-09-26	水绵附着	8.52	15.8
MH201709068	银流瀑布居民住宅旁	2017-09-26	底栖	8.52	15.8
MH201709069	居民住宅下方	2017-09-26	浮游	8.52	15.8
MH201709070	石楼梯小瀑布	2017-09-26	底栖	8.52	15.8
MH201709071	石楼梯小瀑布	2017-09-26	蓝藻和苔藓附着	8.52	15.8

续表

标本号	采集地	采集时间	生境	pH 值	水温/℃
MH201709072	石楼梯小瀑布	2017-09-26	絮状物附着	8.52	15.8
MH201709073	桃花岛	2017-09-26	水草附着	8.52	15.8
MH201709074	桃花岛	2017-09-26	底栖	8.52	15.8
MH201709075	桃花岛	2017-09-26	底栖	8.52	15.8
MH201709076	荷花池	2017-09-26	底栖	8.52	15.8
MH201709077	荷花池	2017-09-26	附着	8.52	15.8
MH201709078	荷花池	2017-09-26	底栖	8.52	15.8
MH201709079	入口大石头旁	2017-09-26	石壁附着	8.52	15.8
MH201709080	入口木桥旁	2017-09-26	底栖	8.52	15.8
MH201709081	入口木桥旁	2017-09-26	轮藻附着	8.52	15.8
MH201709082	入口木桥旁	2017-09-26	浮游	8.52	15.8
MH201709083	入口木桥旁	2017-09-26	轮藻附着	8.52	15.8
MH201803031	蟒河源头	2018-03-21	蓝藻附着	—	—
MH201803032	蟒河源头	2018-03-21	苔藓附着	—	—
MH201803033	蟒河源头	2018-03-21	苔藓附着	—	—
MH201803034	蟒河源头	2018-03-21	底栖	—	—
MH201803035	蟒河源头	2018-03-21	底栖	—	—
MH201803036	蟒河源头	2018-03-21	水面漂浮絮状物	—	—
MH201803037	蟒河源头	2018-03-21	水底褐色絮状物	—	—
MH201803038	蟒河源头	2018-03-21	苔藓附着	—	—
MH201803039	蟒河源头	2018-03-21	石壁附着	—	—
MH201803040	蟒河源头	2018-03-21	苔藓附着	—	—
MH201803041	蟒河源头	2018-03-21	石块附着	—	—
MH201803042	蟒河源头	2018-03-21	石块附着	—	—
MH201803043	蟒河源头	2018-03-21	石块附着	—	—
MH201803044	蟒河源头	2018-03-21	石块附着	—	—
MH201803045	蟒河源头下方	2018-03-21	底栖	—	—
MH201803046	小木桥边	2018-03-21	苔藓附着	—	—
MH201803047	小木桥边大水坑	2018-03-21	底栖	—	—
MH201803048	小木桥小瀑布边	2018-03-21	水绵附着	—	—

续表

标本号	采集地	采集时间	生境	pH 值	水温/℃
MH201803049	小木桥小瀑布边	2018-03-21	底栖	—	—
MH201803050	小木桥小瀑布边	2018-03-21	苔藓附着	—	—
MH201803051	小木桥下方	2018-03-21	褐色絮状物	—	—
MH201803052	小木桥下方	2018-03-21	烂草叶附着	—	—
MH201803053	小木桥东面	2018-03-21	烂草叶附着	—	—
MH201803054	小木桥东面	2018-03-21	苔藓附着	—	—
MH201803055	小木桥东面	2018-03-21	底栖	—	—
MH201803056	水帘洞	2018-03-21	石头附着	—	—
MH201803057	水帘洞	2018-03-21	水底水草附着	—	—
MH201803058	水帘洞	2018-03-21	底栖	—	—
MH201803059	二窟龙	2018-03-21	水草附着	—	—
MH201803060	二窟龙	2018-03-21	水绵附着	—	—
MH201803061	二窟龙	2018-03-21	苔藓附着	—	—
MH201803062	二窟龙	2018-03-21	底栖	—	—
MH201803063	二窟龙往下拐弯处	2018-03-21	水绵附着	—	—
MH201803064	二窟龙往下拐弯处	2018-03-21	丝状藻附着	—	—
MH201803065	二窟龙往下拐弯处	2018-03-21	丝状藻附着	—	—
MH201803066	沿路东侧单独大水坑	2018-03-21	轮藻附着	—	—
MH201803067	沿路东边小水流瀑布	2018-03-21	苔藓附着	—	—
MH201803068	沿路西边墙上	2018-03-21	苔藓附着	—	—
MH201803069	沿路西边墙上	2018-03-21	丝状藻附着	—	—
MH201803070	沿路西边墙上	2018-03-21	底栖	—	—
MH201803071	饮马泉	2018-03-21	褐色絮状物附着	—	—
MH201803072	饮马泉	2018-03-21	丝状藻附着	—	—
MH201803073	饮马泉	2018-03-21	底栖	—	—
MH201803074	饮马泉	2018-03-21	石块附着	—	—
MH201803075	饮马泉	2018-03-21	石块附着	—	—
MH201803076	饮马泉小瀑布	2018-03-21	石块附着	—	—
MH201803077	饮马泉大瀑布	2018-03-21	丝状藻附着	—	—
MH201803078	饮马泉大瀑布	2018-03-21	底栖	—	—

续表

标本号	采集地	采集时间	生境	pH 值	水温/℃
MH201803079	饮马泉大瀑布	2018-03-21	丝状藻附着	—	—
MH201803080	饮马泉大瀑布	2018-03-21	丝状藻附着	—	—
MH201803081	住户石头房旁	2018-03-21	石块附着	—	—
MH201803082	休息区	2018-03-21	水草附着	—	—
MH201803083	小瀑布	2018-03-21	苔藓附着	—	—
MH201803084	小瀑布	2018-03-21	漂浮物附着	—	—
MH201803085	入口处池塘水底	2018-03-21	底栖	—	—
MH201803086	入口处池塘水底	2018-03-21	底栖	—	—
MH201803087	入口处池塘水底	2018-03-21	底栖	—	—
MH201803088	入口大石头对面瀑布	2018-03-21	石壁附着	—	—
MH201803089	入口大石头对面瀑布	2018-03-21	底栖	—	—
MH201803090	入口大石头对面瀑布	2018-03-21	底栖	—	—
MH201807031	蟒河源头	2018-07-08	苔藓附着	8.09	14.2
MH201807032	蟒河源头	2018-07-08	苔藓附着	8.09	14.2
MH201807033	蟒河源头	2018-07-08	石块附着	8.09	14.2
MH201807034	蟒河源头	2018-07-08	石块附着	8.09	14.2
MH201807035	蟒河源头	2018-07-08	苔藓附着	8.09	14.2
MH201807036	蟒河源头下方小木桥边水坑	2018-07-08	底栖	8.09	14.2
MH201807037	蟒河源头下方小木桥边	2018-07-08	苔藓水绵附着	8.28	14.7
MH201807038	蟒河源头下方小木桥边	2018-07-08	刚毛藻附着	8.28	14.7
MH201807039	蟒河源头下方小木桥边	2018-07-08	底栖	8.28	14.7
MH201807040	蟒河源头下方水流变窄处	2018-07-08	浮游	8.28	14.7
MH201807041	二龙戏珠	2018-07-08	苔藓附着	8.47	15.3
MH201807042	水帘洞木桥东侧	2018-07-08	底栖	7.78	15.4
MH201807043	水帘洞木桥东侧	2018-07-08	刚毛藻附着	7.78	15.4
MH201807044	水帘洞	2018-07-08	苔藓附着	7.78	15.4
MH201807045	水帘洞	2018-07-08	刚毛藻附着	8.48	16.1
MH201807046	水帘洞	2018-07-08	底栖	8.48	16.1
MH201807047	沿途木桥东侧水坑	2018-07-08	刚毛藻附着	8.49	16.2
MH201807048	沿途木桥东侧水坑	2018-07-08	水草附着	8.49	16.2

续表

标本号	采集地	采集时间	生境	pH 值	水温/℃
MH201807049	小瀑布	2018-07-08	苔藓附着	8.49	16.2
MH201807050	木桥东侧小水坑	2018-07-08	刚毛藻附着	8.54	16.4
MH201807051	木桥东侧小水坑	2018-07-08	底栖	8.69	19.9
MH201807052	仙人桥	2018-07-08	褐色漂浮物附着	8.60	16.6
MH201807053	捏腰崖	2018-07-08	浮游	8.54	17.0
MH201807054	捏腰崖	2018-07-08	石块附着	8.54	17.0
MH201807055	捏腰崖大水坑	2018-07-08	水草附着	8.53	23.8
MH201807056	娘娘池	2018-07-08	底栖	8.45	21.2
MH201807057	娘娘池	2018-07-08	浮游	8.45	21.2
MH201807058	饮马泉	2018-07-08	苔藓附着	8.45	21.2
MH201807059	饮马泉	2018-07-08	苔藓附着	8.45	21.2
MH201807060	饮马泉	2018-07-08	底栖	8.45	21.2
MH201807061	饮马泉	2018-07-08	苔藓附着	8.45	21.2
MH201807062	饮马泉	2018-07-08	底栖	8.61	19.1
MH201807063	饮马泉	2018-07-08	刚毛藻附着	8.61	19.1
MH201807064	疏散通道石桌旁	2018-07-08	刚毛藻附着	8.57	19.1
MH201807065	桃花岛钙化水体	2018-07-08	絮状物附着	8.57	21.2
MH201807066	桃花岛钙化水体	2018-07-08	枯树叶附着	8.57	21.2
MH201807067	桃花岛	2018-07-08	底栖	8.62	24.8
MH201807068	桃花岛	2018-07-08	底栖	8.62	24.8
MH201807069	桃花岛	2018-07-08	枯树叶附着	8.62	24.8
MH201807070	桃花岛	2018-07-08	石块附着	8.62	24.8
MH201807071	桃花岛	2018-07-08	水草、烂树叶附着	8.62	24.8
MH201807072	入口处瀑布	2018-07-08	石壁附着	8.43	24.3
MH201807073	入口处瀑布	2018-07-08	底栖	8.43	24.3
MH201807074	入口处木桥旁	2018-07-08	底栖	8.43	24.3
MH201807075	入口处木桥旁	2018-07-08	底栖	8.43	24.3

2.2.2 标本制片及观察

观察硅藻标本形态，是依据硅藻细胞硅质的壳面来进行观察分析的，因此需要去除掉硅藻植物中的有机质（Nagy，2011）。

（1）将采集到的标本添加 10% 的甲醛溶液，取一定量的样品放入 15 mL 离心管中，配平，5 000 r/min 离心 10 min，留取沉淀物 2 mL。

（2）将 2 mL 沉淀物放入 50 mL 消解罐中，加入 8 mL 硝酸，放置 30 min 以上后放入消解仪消解 30 min。

（3）将消解完成的液体倒入 15 mL 离心管，设置 5 000 r/min 离心 10 min，加入蒸馏水，清洗强酸，保留白色沉淀物。重复 6~7 次，然后将沉淀物放入 1.5 mL EP 管中，加入酒精保存。

（4）将盖玻片和载玻片放入加了 1~2 滴盐酸的蒸馏水中清洗并擦干，并在载玻片上用记号笔标好标本号，加热平板温度调至 130℃。

（5）用移液枪取 10 μL 样品均匀涂在盖玻片上，将涂有样品的一面朝上，放到加热板上。在载玻片的中间滴一滴 Naphrax 胶，把盖玻片有标本的那面朝载玻片的胶上覆盖，继续放置到加热板上，胶加热后会充满整个盖玻片，待胶干了之后取下标本。

（6）将标本放置在干燥处，待其充分干燥就可以进行观察。

（7）使用 Olympus BX51 显微镜在 100 倍镜下观察标本，并进行显微拍照；使用 Photoshop 软件对照片进行处理并制作图版，对其进行硅藻种的分类鉴定。

第3章　蟒河自然保护区的硅藻分类研究

在蟒河地区总计采集到162号标本，共封片300余张。对其进行观察鉴定，共观察到硅藻植物的159个分类单位，隶属于3纲13目25科54属，其中发现新种1个：*Encyonema oblonga*。本章对所有观察到的硅藻种类进行了分类学特征的描述，并记录了鉴定的参考文献、壳体大小、壳面形状、10 μm内线纹数目及蟒河地区的分布生境特点、所观察的标本号，并描述了种类的国内外分布情况、光学显微镜照片和部分藻的电子显微镜照片。

3.1　研究结果

硅藻门 BACILLARIOPHYTA

圆筛藻纲 Coscinodiscophyceae Round & R. M. Crawford, 1990

冠盘藻目 Stephanodiscales Nikolaev & Harwood, 2001

冠盘藻科 Stephanodiscaceae Glezer & Makarova, 1986

小环藻属 *Cyclotella* F. T. Kützing ex A. de Brébisson, 1838

(1) 分歧小环藻 *Cyclotella distinguenda* Hustedt, 1928 图版1：9-13

鉴定文献：Hustedt 1927, p. 320, fig. 4; Krammer and Lange-Bertalot 2004, p. 43, pl. 43, figs. 1-11; pl. 51, figs. 6-8, 16, 18; Houk Klee and Tanaka 2010, p. 13, pl. 124, figs. 1-19; pl. 125, figs. 1-17; pl. 126, figs. 1-6;

pl. 127, figs. 1-6；徐季雄，尤庆敏，王全喜等 2017, p. 1145, figs. 38-45.

Frustulia operculata Kützing, nom. illeg. 1834, p. 535, fig. 1

Cyclotella tecta Håkansson & R. Ross, 1984, p. 529

形态特征：细胞单生或成链状群体，壳面圆形，直径 9~18 μm；线纹 10 μm 内 12~15 条，线纹壳面边缘占直径的 1/4~1/2，中央区平滑或略微起伏，中央区通常有一个支持突，边缘区线纹辐射分布，线纹长度几乎相等；每 2~5 条肋纹有一个边缘支持突，至少有一个唇形突位于边缘支持突环内。

生境：底栖，水草附着。

分布：国内分布于四川、山西；国外分布于英国、美国、土耳其、新西兰。

（2）梅尼小环藻 *Cyclotella meneghiniana* Kützing, 1844 图版 1：1-8

鉴定文献：Kützing 1844, p. 50, pl. 30, fig. 68；Krammer and Lange-Bertalot 2004, p. 44, pl. 44, figs. 1-10；Van Heurck 1896, p. 447, pl. 22, fig. 656；齐雨藻 1995, p. 53, fig. 66；朱蕙忠和陈嘉佑 2000, p. 94, pl. 4, fig. 4.

Cyclotella kutzingiana var. *meneghiniana*（Kützing）Brun, 1880, p. 134

Stephanocyclus meneghinianus（Kützing）Skabichevskij, nom. inval. 1975, p. 205

形态特征：壳体圆柱形，壳面圆形，直径 8~14 μm；壳面分为中央区和边缘区，中央区平滑或具细小的辐射状点纹，边缘区具辐射状线纹，线纹粗且明显，10 μm 内 7~9 条；中央支持突 1~7 个，存在一轮边缘支持突和一个唇形突。

生境：浮游，水草附着。淡水和半咸水水体都有分布。

分布：国内分布于北京、天津，河北、山西、辽宁、内蒙古、黑龙江、江苏、浙江、安徽、福建、江西、湖南、广东、广西、四川、西藏、云南、陕西、青海、甘肃、宁夏、新疆、贵州、深圳、湖北、河南；国外分布广泛，为世界广布种。

塞氏藻属 *Edtheriotia* Kociolek, You, Stepanek, Lowe & Wang, 2016

（3）山西塞氏藻 *Edtheriotia shanxiensis*（Xie & Qi）Kociolek, Q. M. You, Stepanek, R. L. Lowe & Q. X. Wang, 2016 图版 1：14–18

鉴定文献：Kociolek, You, Stepanek et al. 2016, p. 276, figs. 2–26.

Cyclotella shanxiensis Xie & Qi, 1984, p. 185–187, pls. 1–4, figs. 1–17

形态特征：细胞单生，壳体圆盘形或鼓形，壳面圆形，直径 11～15 μm；壳面分为中央区和边缘区两部分，中央区平坦，边缘区窄，占壳面半径的 1/5；中央区的线纹由点纹组成，呈放射状；线纹 10 μm 内 18～20 条。

生境：水草附着，浮游。

分布：国内分布于山西、湖北、湖南、贵州、四川、云南、陕西。

蓬氏藻属 *Pantocsekiella*（Pantocsek）K. T. Kiss et Ács, 2016

（4）眼斑蓬氏藻 *Pantocsekiella ocellata*（Pantocsek）K. T. Kiss & Ács, 2016 图版 1：19–20

鉴定文献：Ács et al. 2016, p. 65, figs. 6–14; p. 69, fig. 16; p. 72, figs. 18–23.

Cyclotella ocellata Pantocsek, 1901, p. 134, pl. XV, fig. 318

Cyclotella operculata var. *ocellata*（Pantocsek）A. Cleve, 1932, p. 12

Lindavia ocellata（Pantocsek）T. Nakov et al. 2015, p. 256

形态特征：壳体圆盘状，壳面圆形；壳面的多边形中央区起伏不平，具有多个斑点，直径 11～15 μm；壳面边缘线纹长度不等，其中有一些具分叉，线纹 10 μm 内 15～24 条。

生境：浮游。

分布：国内分布于山西、新疆、福建、河北；国外分布于冰岛、德国、西班牙、美国、阿根廷、冈比亚、埃及、土耳其、越南、日本、俄罗斯。

林代藻属 *Lindavia* (Schütt) De Toni & Forti, 1900

(5) 省略林代藻 *Lindavia praetermissa* (J. W. G. Lund) T. Nakov et al., 2015 图版 1：21-23

鉴定文献：Nakov et al. 2015, p. 257.

Cyclotella praetermissa J. W. G. Lund, 1951, p. 93, figs. 1 A-H, 2 A-L

Puncticulata praetermissa (J. W. G. Lund) Håkansson, 2002, p. 116, figs. 422-426

Handmannia praetermissa (J. W. G. Lund) Kulikovskiy & Solak, 2013, p. 594

形态特征：壳面同心起伏，线纹呈辐射形排列，壳面直径 8~10 μm；中央区具网孔，网孔大致呈同心圆分布；边缘区由长度稍微不等的线纹和间线纹组成，延伸到壳套；线纹 10 μm 内 13~15 条。

生境：浮游。

分布：国内分布于山西、四川、山东、江西、江苏、安徽，上海；国外分布于英国、美国、土耳其。

直链藻目 Melosirales Crawford, 1990

直链藻科 Melosiraceae Kützing, 1844

直链藻属 *Melosira* Agardh, 1824

(6) 变异直链藻 *Melosira varians* C. Agardh, 1827 图版 1：24-27

鉴定文献：Agardh 1827, p. 628; Krammer and Lange-Bertalot 2004, p. 7, pl. 3, fig. 8; pl. 4, figs. 1-8; Metzeltin et al. 2009, p. 134, pl. 1, figs. 1-11; 齐雨藻 1995, p. 34, fig. 41; pl. Ⅱ, figs. 8-9.

Lysigonium varians (C. Agardh) De Toni, 1892, p. 902

形态特征：细胞呈群体生活，由壳面相连接成链状，壳体圆筒形，直径 8~14 μm，高 13~25 μm。

生境：水草附着。

分布：国内分布于山西、江西、黑龙江，上海、广州；国外分布广泛，为世界广布种。

脆杆藻纲 Fragilariophyceae Round & R. M. Carwford，1990

脆杆藻目 Fragilariales Silva，1962

脆杆藻科 Fragilariaceae Greville，1833

针杆藻属 *Synedra* Ehrenberg，1830

（7）尖针杆藻 *Synedra acus* Kützing，1884 图版3：1-5

鉴定文献：Kützing 1844，p. 68，pl. 15，fig. 7；Boyer 1916，p. 48，pl. 11，fig. 9；Metzeltin et al. 2009，p. 166，pl. 17，figs. 1-4；齐雨藻和李家英 2004，p. 63，pl. Ⅴ，fig. 14；朱蕙忠和陈嘉佑 2000，p. 109，pl. 6，fig. 23.

形态特征：壳面线形披针形，中部较宽，从中部向两端逐渐变窄，末端延伸成圆形或近头状；长 73~94 μm，中部宽 3~4 μm；横线纹呈平行排列，10 μm 内 10~12 条；假壳缝窄线形，中央区扩大直至壳缘。

生境：底栖，水草附着，浮游。

分布：国内分布于山西、江苏、贵州、西藏、辽宁、江西、云南、黑龙江、四川、河南、广东、新疆、山东、湖南、青海、湖北、安徽、甘肃、广西，北京、上海、重庆；国外分布广泛，为世界广布种。

脆杆藻属 *Fragilaria* Lyngbye，1819

（8）钝脆杆藻 *Fragilaria capucina* Desmazières，1830 图版3：11-15

鉴定文献：Desmazières 1830，p. 453；Lange-Bertalot，Hofmann，Werum et al. 2017，p. 268，pl. 10，figs. 8，9；Krammer and Lange-Bertalot 2004，p. 580，pl. 108，figs. 1-8；齐雨藻和李家英 2004，p. 42，pl. Ⅲ，fig. 14；pl. XXXⅡ，figs. 16，17；朱蕙忠和陈嘉佑 2000，p. 103，pl. 5，fig. 17.

Staurosira capucina (Desmazières) Comère, 1892, p. 105

形态特征：壳体以壳面连为紧密的带状群体，壳面长线形，向两端渐渐变窄，末端略膨大，钝圆；壳面长 33～51 μm，宽 3～4 μm；横线纹 10 μm 内有 11～16 条；壳面中部具矩形至菱形的中央区；假壳缝窄线形。

生境：水草附着，底栖。

分布：国内分布于山西、黑龙江、山东、安徽、吉林、辽宁、新疆、河北、陕西、广西、云南、湖南、西藏；国外分布于俄罗斯、奥地利、古巴、阿根廷、刚果、埃及、印度、日本、泰国、澳大利亚，亚速尔群岛。

（9）沃切里脆杆藻 *Fragilaria vaucheriae* (Kützing) J. B. Petersen, 1938

图版 3：20-21

鉴定文献：Petersen 1938, p. 167, fig. 1 a-g; Krammer and Lange-Bertalot 2004, p. 124, pl. 108, figs. 10-15.

Synedra vaucheriae (Kützing) Kützing, 1844, p. 65, pl. 14, fig. 4

Ctenophora vaucheriae (Kützing) Schönfeldt, 1907, p. 105

Fragilaria vaucheriae var. *parvula* (Kützing) A. Cleve, 1953, p. 43, fig. 353

Fragilaria capuccina var. *vaucheriae* (Kützing) Lange-Bertalot, 1980, p. 747 (as "capucina")

形态特征：壳面线形至披针形，末端略延长，尖圆，呈喙状；壳面长 19～21 μm，宽 4～5 μm；壳面中部一侧具有线纹，另一侧没有线纹，横线纹在 10 μm 内 9～10 条。

生境：底栖，浮游，水草附着。

分布：国内分布于山西、四川、台湾、黑龙江、江西、陕西、西藏、云南、贵州、山东、安徽、广东、河北、浙江、新疆、湖南、甘肃、江苏、河南、宁夏，上海、重庆；国外分布于法国、巴西、苏丹、土耳其、印度、新加坡、俄罗斯、澳大利亚、新西兰。

（10）柔嫩脆杆藻 *Fragilaria tenera*（W. Smith）Lange-Bertalot，1980 图版3：6-10

鉴定文献：Lange-Bertalot 1980，p. 746，pl. 16；Krammer and Lange-Bertalot 2004，p. 129，pl. 115，figs. 1-7；pl. 114，figs. 12-16；Cremer and Wagner 2004，p. 1751-1753，figs. 53-73；林雪如等 2018，p. 643，pl. Ⅱ，fig. 11.

Synedra tenera W. Smith，1856，p. 98

形态特征：壳面线形，末端呈头状；长 52~85 μm，宽 2~3 μm；横线纹明显，平行排列，10 μm 内 16~18 条；假壳缝窄线形，不显著，无中央区。

生境：底栖，水草附着，浮游。

分布：国内分布于山西、黑龙江、海南、江西、贵州、新疆、山东、云南、内蒙古、广东、福建、台湾，上海；国外分布于俄罗斯、奥地利、阿根廷、刚果、伊拉克、印度、日本、新西兰，北极，阿拉斯加，亚速尔群岛。

粗肋藻属 *Odontidium* Kützing

（11）中型粗肋藻 *Odontidium mesodon*（Kützing）Kützing，1849 图版5：1-4

鉴定文献：Kützing 1849，p. 12；Lange-Bertalot，Hofmann，Werum et al. 2017，p. 468，pl. 3，figs. 6-10.

Diatoma vulgaris var. *mesodon*（Ehrenberg）Grunow

Fragilaria mesodon Ehrenberg，1839，p. 57，pl. Ⅱ，fig. 9

Diatoma mesodon（Ehrenberg）Kützing，1844，p. 47，pl. 17，fig. XIII

Odontidium hyemale var. *mesodon*（Ehrenberg）Grunow，1862，p. 43（357）

Diatoma hyemalis var. *mesodon*（Ehrenberg）Kirchner，1878，p. 204

Diatoma hyemalis f. *mesodon*（Ehrenberg）Forti，1899，p. 479

形态特征：壳面呈椭圆形，逐渐向两端变窄；壳面长 24～26 μm，宽 8～10 μm；肋纹 10 μm 内有 3～4 条。

生境：底栖，水草附着，浮游。

分布：国内分布于山西、内蒙古、黑龙江、吉林、辽宁、宁夏、新疆、陕西、山东、贵州、湖南、西藏；国外分布于英国、加拿大、伊朗、韩国，阿拉斯加。

十字脆杆藻科 Staurosiraceae Medlin，2016

十字脆杆藻属 *Staurosira* Ehrenberg，1843

（12）狭辐节十字脆杆藻 *Staurosira leptostauron*（Ehrenberg）Kulikovskiy & Genkal，2011 图版 5：15-18

鉴定文献：Kulikovskiy et al. 2011，p. 363，pl. 2，figs 1-6；pl. 8，fig. 1.

Fragilaria leptostauron（Ehrenberg）Hustedt 1927，p. 153，fig. 668 a-f

Staurosirella leptostauron（Ehrenberg）D. M. Williams & Round，1988，p. 276，figs. 22-23

形态特征：细胞通过小刺连接成带状群体，带面观呈矩形；壳面十字形，中部扩大，末端钝圆；壳面长 15～19 μm，宽 11～13 μm；中轴区线形至披针形，线纹呈微辐射状排列，10 μm 内 8～10 条。

生境：底栖。

分布：国内分布于山西、四川、西藏、江西、云南、广东；国外分布于法国、德国、美国、阿根廷、巴西、土耳其、印度、日本、蒙古、俄罗斯、澳大利亚，亚速尔群岛。

窄十字脆杆藻属 *Staurosirella* Williams and Round，1988

（13）奥尔登堡窄十字脆杆藻 *Staurosirella oldenburgiana*（Hustedt）Morales，2005 图版 5：10-14

鉴定文献：Morales 2005，p. 118；Krammer and Lange-Bertalot 2004，

p. 162, pl. 134, figs. 26–31; Lange–Bertalot, Hofmann, Werum et al. 2017, p. 576, pl. 11, figs. 26–29; 罗粉等 2019, p. 911.

Fragilaria oldenburgiana Hustedt, 1959, p. 29, pl. 1, figs. 20, 21

Staurosira oldenburgiana (Hustedt) Lange–Bertalot, 2000, p. 587

形态特征：壳面窄线形或线形–菱形；长 12~15 μm，宽 4~5 μm；线纹较粗，在壳面上平行排列，在壳面末端微辐射状，10 μm 内 13~15 条；中轴区呈窄线形。

生境：水草附着，底栖，浮游。

分布：国内分布于山西、四川、吉林、江西、安徽，上海；国外分布于法国、美国、蒙古。

假十字脆杆藻属 *Pseudostaurosira* Williams and Round, 1988

(14) 短纹假十字脆杆藻 *Pseudostaurosira brevistriata* (Grunow) D. M. Williams & Round, 1988 图版 5：25–29

鉴定文献：Williams and Round 1988, p. 276, figs. 28–31; Metzeltin et al. 2009, p. 152, pl. 10, figs. 1–16; p. 156, pl. 12, figs. 1–4; Lange–Bertalot, Hofmann, Werum et al. 2017, p. 530, pl. 10, figs. 27–31; 王全喜和邓贵平 2017, p. 108, figs. 9–24.

Staurosira brevistriata (Grunow) Grunow, 1884, p. 101

Fragilaria brevistriata Grunow, 1885, p. 157, pl. 45, fig. 32

Nematoplata brevistriata (Grunow) Kuntze, 1898, p. 416

形态特征：在活体细胞中，细胞通常连接形成群体，故经常呈带面观，带面观矩形；壳面线形至披针形，末端缢缩延伸呈头状；长 16~19 μm，宽 3~4 μm；线纹强烈缩短，位于壳面边缘，10 μm 内 13~15 条；中轴区面积较大。

生境：浮游。

分布：国内分布于山西、四川、新疆、山东、黑龙江、西藏、云南、贵州、河北，北京；国外分布广泛，为世界广布种。

（15）寄生假十字脆杆藻 *Pseudostaurosira parasitica*（W. Smith）E. Morales，2003 图版 5：19-24

鉴定文献：Morales and Edlund 2003，p. 287；Lange-Bertalot，Hofmann，Werum et al. 2017，p. 531，pl. 10，figs. 32-41；王全喜和邓贵平 2017，p. 111，figs. 9-30.

Odontidium parasiticum Smith，1856，p. 19，pl. LX，fig. 375

Fragilaria parasitica（W. Smith）Heiberg，1863，p. 62

Staurosira parasitica（W. Smith）Petit，1877，p. 44

Staurosira construens var. *parasiticum*（W. Smith）P. Petit，1892，p. 106

Nematoplata parasitica（W. Smith）Kuntze，1898，p. 416

Synedra parasitica（W. Smith）Hustedt，1930，p. 161，fig. 195

Synedrella parasitica（W. Smith）Round & Maidana，2001，p. 24

形态特征：壳面线形披针形，末端亚喙状；壳面长 13~15 μm，宽 4~5 μm；线纹短，在近中部呈近平行排列，两端呈微辐射状排列，10 μm 内 17~22 条；中轴区呈宽披针形，具顶孔区。

生境：底栖，水草附着。

分布：国内分布于山西、西藏、甘肃、云南、黑龙江、新疆；国外分布于德国、美国、苏丹、伊朗、俄罗斯、印度，亚速尔群岛。

楔形藻目 Licmophorales Round，1990

肘形藻科 Ulnariaceae E. J. Cox，2015

肘形藻属 *Ulnaria*（Kützing）Compère，2001

（16）头状肘形藻 *Ulnaria capitata*（Ehrenberg）Compère，2001 图版 4：1-5

鉴定文献：Compère 2001，p. 100；Ehrenberg 1836，p. 53；Aboal，Álvarez，Cobelas et al. 2003，p. 104；王全喜和邓贵平 2017，p. 113，pl. 9，fig. 34.

Synedra capitata Ehrenberg, 1836, p. 53

Epithemia capitata（Ehrenberg）Brébisson, 1838, p. 16

Exilaria capitata（Ehrenberg）Hassall, 1845, p. 433

Synedra ulna f. *capitata*（Ehrenberg）Skabichevskij, 1960, p. 242-243, fig. 80

Fragilaria capitata（Ehrenberg）Lange-Bertalot, 1980, p. 221, pl. 3, fig. 3（1）

形态特征：壳面线形，末端延伸形成特殊的尖端，带面观呈矩形；长 120~304 μm，宽 9~10 μm；假壳缝窄线形；线纹平行排列，在壳面末端呈微辐射，10 μm 内 10~11 条。

生境：底栖，浮游，水草附着。

分布：国内分布于山西；国外分布于法国、伊朗、印度、日本、新西兰。

（17）肘状肘形藻 *Ulnaria ulna*（Nitzsch）Compère, 2001　图版 2：1-9

鉴定文献：Compère 2001, p. 100；Krammer and Lange-Bertalot 2004, p. 143, pl. 122, fig. 6；Lange-Bertalot, Hofmann, Werum et al. 2017, p. 602, pl. 6, figs. 1-5；齐雨藻和李家英 2004, p. 79, pl. Ⅷ, fig. 5；朱蕙忠和陈嘉佑 2000, p. 112, pl. Ⅶ, fig. 17.

Bacillaria ulna Nitzsch, 1817, p. 99, pl. Ⅴ, figs. 1-10

Navicula ulna（Nitzsch）Ehrenberg, 1830, p. 64

Frustulia ulna（Nitzsch）C. Agardh, 1831, p. 45

Synedra ulna（Nitzsch）Ehrenberg, 1832, p. 87

Exilaria ulna（Nitzsch）Jenner, 1845, p. 102

Fragilaria ulna（Nitzsch）Lange-Bertalot, 1980, p. 745

形态特征：壳面线形至线披针形，末端略有延伸呈宽钝圆形，有时呈喙状宽形；长 56~150 μm，中央区宽 5~7 μm；横线纹平行排列，两端线纹有时辐射排列，10 μm 内 7~8 条；两个壳面上的每一端各有一个唇形突；

中轴区窄，呈线形。

生境：水草附着，浮游，底栖。

分布：国内分布于山西、江西；国外分布于英国、加拿大、古巴、阿根廷、刚果、伊朗、印度、新加坡、俄罗斯、澳大利亚，亚速尔群岛。

平板藻目 Tabellariales Round，1990

平板藻科 Tabellariaceae Kützing，1844

等片藻属 *Diatoma* Bory de Saint-Vincent，1842

（18）念珠状等片藻 *Diatoma moniliformis*（Kützing）D. M. Williams，2012 图版 3：16-19

鉴定文献：Williams 2012，p. 260，figs. 3 - 5；Krammer and Lange - Bertalot 2004，p. 129，pl. 115，figs. 1 - 7；pl. 114，12 - 16；Lange - Bertalot，Hofmann，Werum et al. 2017，p. 185，pl. 3，figs. 18 - 20；齐雨藻和李家英 2004，p. 25，pl. Ⅰ，fig. 13；pl. XXIX，figs. 5 - 7；谢淑琦和齐雨藻 1997，p. 40，pl. 1，figs. 16-19；pl. 2，figs. 31-32.

Diatoma tenuis var. *moniliformis* Kützing，1834，p. 580，pls. XIII - XIX，fig. 60

Diatoma variabile var. *moniliforme*（Kützing）Rabenhorst，1847，p. 22

形态特征：带状群体，壳面线形到线状披针形，中部略膨大，末端椭圆或喙状或亚头状；壳面极小，长 28 ~ 30 μm，宽 4 ~ 5 μm；横肋纹以初生肋纹为主，排列较均匀，10 μm 内 6 ~ 12 条。

生境：水草附着，底栖，浮游。

分布：国内分布于山西、河北、河南、四川；国外分布于俄罗斯、印度、阿根廷、法国、加拿大、伊朗，埃尔斯米尔岛。

（19）普通等片藻 *Diatoma vulgaris* Bory，1824 图版 3：22-28

鉴定文献：Bory et al. 1824，p. 461，fig. 1；Krammer and Lange-Bertalot

2004, p. 95, pl. 91, figs. 2, 3; pl. 93, figs. 1–12; pl. 94, figs. 1–13; pl. 95, figs. 1–7; pl. 97, figs. 3–5; Lange–Bertalot, Hofmann, Werum et al. 2017, p. 187, pl. 4, figs. 1–6; 齐雨藻和李家英 2004, p. 27, pl. Ⅰ, fig. 8; pl. ⅩⅩⅩ, figs. 6–10; 朱蕙忠和陈嘉佑 2000, p. 99, pl. 4, fig. 22.

Bacillaria vulgaris（Bory）Ehrenberg, 1836, p. 53, fig. 56

形态特征：细胞呈“Z”字形群体，壳面椭圆形至披针形，中部微凸，末端宽喙状；壳面长 41~52 μm，宽 7~13 μm；肋纹间有横线纹，横肋纹在 10 μm 内有 6~8 条；壳面末端有一唇形突。

生境：底栖，水草附着。

分布：国内分布于山西、黑龙江、宁夏、陕西、贵州、湖南、吉林、辽宁、内蒙古、青海、西藏、新疆、河北、云南、四川、河南，北京，天津；国外分布广泛，为世界广布种。

扇形藻属 *Meridion* Agardh, 1824

（20）环状扇形藻 *Meridion circulare*（Greville）C. Agardh, 1831 图版 5：5-9

鉴定文献：Agardh 1831, p. 40; Lange–Bertalot, Hofmann, Werum et al. 2017, p. 370, pl. 2, figs. 3–7; Patrick and Reimer 1966, p. 113, pl. 2, 15; 齐雨藻和李家英 2004, p. 29; pl. Ⅱ, fig. 4; pl. ⅩⅩⅪ, figs. 1–3, 8–10; 朱蕙忠和陈嘉佑 2000, p. 100, pl. 5, fig. 1.

Echinella circularis Greville, 1822, p. 213, pl. Ⅷ, fig. 2

Exilaria circularia（Greville）Greville, 1827, p. 37

Frustulia circularis（Greville）Duby, 1830, p. 991

Exilaria circularis（Greville）C. Agardh, 1831, p. 40

形态特征：壳体连成扇形群体，带面观呈楔形，从较宽的头部到较窄的末端逐渐变细。壳面也呈楔形，带有一个宽而钝的圆形头部；长 14~32 μm，宽 5~6 μm；横肋纹清晰可见，常常不规则排列，线纹 10 μm 内有 4~5 条。

生境：水草附着，底栖。

分布：国内分布于山西、黑龙江、吉林、辽宁、陕西、宁夏、河南、西藏；国外分布于哥伦比亚、印度、加拿大、加纳、伊朗、泰国、日本、法国、美国、俄罗斯、澳大利亚，亚速尔群岛。

硅藻纲 Bacillariophyceae Haeckel，1878

短缝藻目 Eunotiales Silva，1962

短缝藻科 Eunotiaceae Kützing，1844

短缝藻属 *Eunotia* Ehrenberg，1837

（21）弧形短缝藻 *Eunotia arcus* Ehrenberg，1837 图版 5：30-37

鉴定文献：Ehrenberg 1837，p. 45；Krammer and Lange-Bertalot 2004，p. 589，pl. 147，figs. 2-4，6，11，15；齐雨藻和李家英 2004，p. 92，pl. Ⅸ，fig. 4；pl. XXXVIII，fig. 7.

Himantidium arcus（Ehrenberg）Ehrenberg，1840，p. 212

形态特征：壳面弓形，背缘弯曲成拱状；长 26~40 μm，宽 6~7 μm；中央略微平直，腹缘微凹，背缘两端向着末端的位置反曲，使末端成圆角状；线纹平行排列，近末端呈放射状排列，10 μm 内 10~12 条。

生境：底栖，水草附着。

分布：国内分布于宁夏、山西、西藏、湖南、广东、福建；国外分布于奥地利、加拿大、美国、古巴、博茨瓦纳、伊拉克、印度、泰国、俄罗斯、新西兰，斯瓦尔巴群岛和亚速尔群岛。

卵形藻目 Cocconeidales E. J. Cox，2015

卵形藻科 Cocconeidaceae Kützing，1844

卵形藻属 *Cocconeis* Ehrenberg，1836

（22）柄卵形藻 *Cocconeis pediculus* Ehrenberg，1838 图版 6：8-13

鉴定文献：Ehrenberg 1838，p. 194，pl. 21，fig. 11；Ector and Hlúbiková

2010, p. 33, pl. 43, figs. 1–8；Lange-Bertalot, Hofmann, Werum et al. 2017, p. 138, pl. 20, figs. 17–19；赵瑾等 2013, p. 190, pl. Ⅲ, fig. 102.

Cocconeis communis var. *pediculus*（Ehrenberg）O. Kirchner, 1878, p. 191

Cocconeis communis f. *pediculus*（Ehrenberg）Chmielevski, 1885

Encyonema cespitosum var. *pediculus*（Ehrenberg）De Toni, 1891, p. 373（as "caespitosum"）

形态特征：壳面宽椭圆形或略呈菱形椭圆形；壳面长 21~30 μm，宽 14~19 μm；具壳缝面中央区小，圆形至略不规则形，壳缝的近壳缝端延伸到中央区域，远壳缝端直，线纹弯曲并呈放射状；无壳缝面，线纹弯曲并呈放射状；线纹 10 μm 内 20~22 条。

生境：底栖，水草附着，浮游。

分布：国内分布于山西、青海、西藏、新疆、甘肃、陕西、四川、贵州、云南、浙江、黑龙江、广西、福建、湖南、山东、江西、海南、台湾，上海；国外分布于冰岛、法国、西班牙、加拿大、美国、巴西、阿根廷、苏丹、埃及、伊朗、印度、俄罗斯、新西兰，夏威夷群岛和斯瓦尔巴群岛。

（23）扁圆卵形藻 *Cocconeis placentula* Ehrenberg, 1838 图版 6：1–7

鉴定文献：Ehrenberg 1838, p. 194；Leterme et al. 2010, p. 717, fig. 2；Ector and Hlúbiková 2010, p. 34, pl. 43, figs. 9–20；赵瑾等 2013, p. 190, pl. Ⅲ, fig. 100.

Cocconeis pediculus var. *placentula*（Ehrenberg）Grunow, 1867, p. 15

Cocconeis communis var. *placentula*（Ehrenberg）O. Kirchner, 1878, p. 191

Cocconeis communis f. *placentula*（Ehrenberg）Chmielevski, 1885

形态特征：壳面卵形；长 21~34 μm，宽 16~18 μm；具壳缝面，壳缝直，线纹由中央向两端逐渐呈放射状，点纹小；无壳缝面，线纹由中央向两端逐渐呈放射状，线纹由明显的点纹组成，10 μm 内 16~18 条。

生境：底栖，水草附着，浮游。

分布：国内分布于海南、山西、黑龙江、吉林、云南、贵州、江西、湖南、青海、甘肃、西藏、四川、新疆、广西、河北、浙江、辽宁、陕西、江苏、山东，北京、上海；国外分布广泛，为世界广布种。

曲丝藻科 Achnanthidiaceae D. G. Mann，1990

真卵形藻属 *Eucocconeis* Cleve ex Meister，1912

（24）弯曲真卵形藻 *Eucocconeis flexella*（Kützing）Meister，1912 图版 5：38-42

鉴定文献：Meister 1912，p. 95；Metzeltin et al. 2009，p. 186，pl. 27，figs. 1-5；Lange-Bertalot，1999，p. 122，pl. 7，figs. 1-3；朱蕙忠和陈嘉佑 2000，p. 236，pl. 45，figs. 1-2.

Cymbella flexella Kützing，1844，p. 80，pl. 4，fig. XIV；pl. 6，fig. VIII

Achnanthidium flexellum（Kützing）Brébisson ex Kützing，1849，p. 54

Achnanthes flexella（Kützing）Brun，1880，p. 29，pl. 3，fig. 21

Cocconeis flexella（Kützing）Cleve，1895，p. 179

形态特征：壳面椭圆至椭圆披针形，略“S”形扭曲，末端钝圆；长 38~40 μm，宽 16~18 μm。具壳缝面中央区圆形，壳缝“S”形，线纹呈放射状；无壳缝面中央区较宽，假壳缝狭窄；线纹在壳面中部，10 μm 内 22~24 条。

生境：水草附着，底栖，浮游。

分布：国内分布于山西、西藏、新疆、四川、江西、湖南、黑龙江；国外分布于德国、美国、土耳其、印度、蒙古、俄罗斯、新西兰，埃尔斯米尔岛和亚速尔群岛。

曲丝藻属 *Achnanthidium* Kutzing，1844

（25）链状曲丝藻 *Achnanthidium catenatum*（Bily & Marvan）Lange-Bertalot，1999 图版 6：34-39

鉴定文献：Lange-Bertalot 1999，p. 271；Marquardt et al. 2017，p. 324，fig. 8；马沛明等 2013，p. 158，fig. 2.

Achnanthes catenata Bily & Marvan，1959，p. 35，pl. Ⅷ，figs. 1-4

形态特征：壳面呈披针形，末端突出呈明显头状，带面观呈弓形；长 17~20 μm，宽 3~4 μm；具壳缝面中央区圆形；上下壳面横线纹相似，呈微辐射状；壳缝直线形，线纹 10 μm 内 28~30 条。

生境：水草附着，底栖，浮游。

分布：国内分布于浙江、山西、吉林、黑龙江、江西、广东、四川、湖北、山东、海南；国外分布于罗马尼亚、德国、墨西哥、阿根廷。

（26）细曲丝藻 *Achnanthidium exile*（Kützing）Heiberg，1863　图版 6：21-26

鉴定文献：Heiberg 1863，p. 119；Lange-Bertalot，Hofmann，Werum et al. 2017，p. 84，pl. 24，figs. 7-14.

Achnanthes exilis Kützing，1834，p. 577，pl. 16，fig. 53

Microneis exilis（Kützing）Cleve，1895，p. 189；invalid

Microneis exilis（Kützing）Meister，1912，p. 97

形态特征：壳面菱形披针形至线形披针形，末端略微延伸，钝圆；长 17~22 μm，宽 3~4 μm；具壳面观，壳缝丝状且笔直，中央区呈圆形，线纹在光学显微镜下不易观察清楚。

生境：底栖，水草附着，浮游。

分布：国内分布于山西、云南、贵州、山东、西藏；国外分布于英国、西班牙、美国、土耳其、印度、蒙古、新西兰。

（27）纤细曲丝藻 *Achnanthidium gracillimum*（F. Meister）Lange-Bertalot，2004　图版 6：44-51

鉴定文献：Krammer and Lange-Bertalot 2004，p. 430；Lange-Bertalot，Hofmann，Werum et al. 2017，p. 85，pl. 24，figs. 72-77.

Microneis gracillima F. Meister，1912，p. 234，pl. Ⅻ，figs. 21，22

Achnanthes minutissima f. *gracillima*（Meister）A. Cleve，1932，p. 60

Achnanthes microcephala var. *gracillima*（Meister）A. Cleve，1953，p. 41，fig. 568

Achnanthes minutissima var. *gracillima*（Meister）Lange-Bertalot，1989，p. 104

Achnanthidium minutissimum var. *gracillimum*（Meister）L. Bukhtiyarova，1995，p. 420

形态特征：壳面线形至线形-披针形，末端呈亚头状；长 17~23 μm，宽 4~5 μm；在无壳缝壳面上，线纹轻微辐射，在具壳缝壳面上，线纹几乎平行；无壳缝面，线纹略呈放射状；线纹 10 μm 内 22~25 条。

生境：底栖，水草附着，浮游。

分布：国内分布于山西、黑龙江、江西、西藏、四川、湖北，上海；国外分布于法国、德国、印度、日本、新西兰，阿拉斯加，亚速尔群岛。

（28）亚显曲丝藻 *Achnanthidium pseudoconspicuum*（Foged）Jüttner & E. J. Cox，2011 图版 6：40-43

鉴定文献：Jüttner and Cox 2011，p. 22，figs. 3-28；王艳璐等 2019，p. 12，pl. Ⅰ，23-31.

Achnanthes pseudoconspicua Foged，1972，p. 273，pl. 1，fig. 4 a，b

形态特征：壳面呈线形，长 25~26 μm，宽 4~5 μm，线纹呈近平行状排列；具壳缝壳面，中轴区呈线形，中央区呈矩形，或由几条短线纹组成，线纹较粗呈微辐射状，10 μm 内 18~20 条；无壳缝壳面，中轴区呈线形，线纹数与具壳缝面一样。

生境：底栖，水草附着，浮游。

分布：国内分布于山西、四川、海南、江西、江苏、安徽，上海；国外分布于泰国。

（29）庇里牛斯曲丝藻 *Achnanthidium pyrenaicum*（Hustedt）H. Kobayasi，1997 图版 6：27-33

鉴定文献：Kobayasi 1997，p. 148，figs. 1–18；Wojtal 2013，p. 74，pl. 7，figs. 1–21；Lange-Bertalot，Hofmann，Werum et al. 2017，p. 89，pl. 23，figs. 62–70.

Achnanthes pyrenaica Hustedt，1939，p. 554，pl. 25，figs. 5–10

Achnanthes minutissima var. *pyrenaica*（Hustedt）A. Cleve，nom. inval. 1953，p. 40，fig. 567

形态特征：壳面椭圆形至线形，末端钝圆至宽圆形，有时亚喙状；长 11~23 μm，宽 4 μm；具壳缝面壳缝直；中央区不发达或者横向变宽，有少数线纹缩短；中轴区窄，线形至弱披针形；线纹弱辐射状，10 μm 内 16~18 条；无壳缝壳面中轴区窄，线纹 10 μm 内 15~17 条。

生境：底栖，浮游，水草附着。

分布：国内分布于山西、江西、海南、黑龙江、四川、新疆、西藏；国外分布于德国、墨西哥、波兰、土耳其、印度、日本、蒙古、新西兰，马德拉群岛。

（30）*Achnanthidium* sp.　图版 6：14–20

形态特征：壳面线形，壳面末端呈明显的头状；壳面长 27~35 μm，宽 3~4 μm；中轴区是窄线形，中央区几乎不存在；线纹在壳面中央呈微辐射状，接近两端近平行，线纹 10 μm 内 24~32 条。

生境：底栖，浮游，水草附着。

分布：国内分布于山西。

平丝藻属 *Planothidium* Round and Bukhtiyarova，1996

（31）不定平丝藻 *Planothidium dubium*（Grunow）Round & Bukhtiyarova，1996　图版 7：14–19

鉴定文献：Round and Bukhtiyarova 1996，p. 352；Wojtal 2013，p. 126，pl. 137，figs. 1–13；Lange-Bertalot，Hofmann，Werum et al. 2017，p. 506，pl. 25，figs. 47–50；Krammer and Lange-Bertalot 2004，p. 76，pl. 42，figs. 7–26；王全喜和邓贵平 2017，p. 126，pl. 9，fig. 50.

Achnanthidium lanceolatum var. *dubium*（Grunow）Meister

Achnanthes lanceolata var. *dubia* Grunow，1880，p. 23

Achnanthes lanceolata subsp. *dubia*（Grunow）Lange-Bertalot，1993，p. 3

形态特征：壳面椭圆披针形，末端呈圆头状，具壳缝壳面中轴区线形，中央区明显；不具壳缝壳面中轴区窄线形，中央区不对称，一侧有线纹，一侧具硅质增厚；长 10~13 μm，宽 5~7 μm，线纹 10 μm 内 12~13 条。

生境：底栖，水草附着，浮游。

分布：国内分布于山西、黑龙江、海南、四川、江西、云南、贵州、西藏；国外分布于英国、西班牙、美国、墨西哥、巴西、土耳其、印度、俄罗斯、新西兰，夏威夷群岛和亚速尔群岛。

（32）频繁平丝藻 *Planothidium frequentissima*（Lange-Bertalot）Lange-Bertalot，1999 图版 7：1-7

鉴定文献：Lange-Bertalot 1999，p. 282；Wojtal 2013，p. 127，pl. 138，figs. 1-14；Lange-Bertalot，Hofmann，Werum et al. 2017，p. 507，pl. 25，figs. 16-21；刘妍，Kociolek，王全喜等 2016b，p. 1268，pl. Ⅲ，figs. 1-8.

Achnanthes lanceolata subsp. *frequentissima* Lange-Bertalot，1993，p. 4，pl. 44，figs. 1-3，15；pl. 45，fig. 18

Achnantheiopsis frequentissima（Lange-Bertalot）Lange-Bertalot，1997，p. 207，fig. 13

形态特征：壳面宽椭圆形至椭圆披针形，末端宽圆不延长或延长呈头状；具壳缝面中轴区线形，中央区矩形；不具壳缝面，中央区不对称，一侧具马蹄形纹饰；长 15~22 μm，宽 5~6 μm；横线纹略放射状排列，10 μm 内 12~13 条。

生境：底栖，水草附着，浮游。

分布：国内分布于山西、海南、黑龙江、江西、四川、西藏、广西、广东、江苏、安徽、山东，上海；国外分布于法国、德国、墨西哥、美国、哥伦比亚、刚果、苏丹、伊拉克、印度、俄罗斯、新西兰，利文斯顿岛和亚速尔群岛。

（33）披针平丝藻 *Planothidium lanceolatum*（Brébisson ex Kützing）Lange-Bertalot，1999 图版7：8-13

鉴定文献：Lange-Bertalot 1999，p. 287；Wojtal 2013，p. 127，pl. 138，figs. 15-22；Lange-Bertalot，Hofmann，Werum et al. 2017，p. 509，pl. 25，figs. 27-33；王全喜和邓贵平 2017，p. 126，pl. 9，fig. 51.

Achnanthidium lanceolatum Brébisson ex Kützing，1846，p. 247

Achnanthes lanceolata（Brébisson ex Kützing）Grunow，1880，expl. pl. XXVII 27，fig. 8

Microneis lanceolata（Brébisson ex Kützing）Frenguelli，1923，p. 72，pl. 6，figs. 18，19

Achnantheiopsis lanceolata（Brébisson ex Kützing）Lange-Bertalot，1997，p. 201，fig. 11；p. 207，fig. 12

形态特征：壳面椭圆形至椭圆披针形，末端宽圆形；长 21~24 μm，宽 6~7 μm；具壳缝面，壳缝直，末端弯向同一侧，中央区宽矩形，中轴区窄线形；无壳缝面，中央区通常在一侧具有不明显的蹄痕，中轴区线形或披针形；线纹 10 μm 内 12~14 条。

生境：底栖，水草附着，浮游。

分布：国内分布于山西、江西、海南、四川、黑龙江、西藏、新疆、广东、云南、贵州、河北；国外分布于德国、加拿大、美国、阿根廷、刚果、伊朗、印度、日本、俄罗斯、澳大利亚，夏威夷群岛、阿姆斯特丹岛、克利珀顿岛和亚速尔群岛。

（34）极细平丝藻 *Planothidium minutissimum*（Krasske）E. A. Morales，2006 图版7：20-25

鉴定文献：Morales 2006，p. 338；Wojtal 2013，p. 127，pl. 139，figs. 1-20；Lange-Bertalot，Hofmann，Werum et al. 2017，p. 509，pl. 25，figs. 66-71.

Achnanthes lanceolata var. *minutissima* Krasske，1938，p. 513

Achnantheiopsis minutissima（Krasske）Lange-Bertalot，1997，p. 207

形态特征：壳面菱形披针形到椭圆披针形，末端宽圆形；长 7~10 μm，宽 3~5 μm；具壳缝面壳缝直，中轴区呈窄线形；线纹呈微辐射状，10 μm 内 18~20 条；无壳缝壳面，线纹略呈放射状，10 μm 内 18~20 条。

生境：水草附着，底栖。

分布：国内分布于山西、海南、黑龙江、江西、四川、广东、新疆、河南、安徽、广西、山东、西藏、云南、贵州、吉林；国外分布于法国、德国、美国、俄罗斯。

沙生藻属 *Psammothidium* Buhtkiyarova & Round，1996

（35）喜酸沙生藻 *Psammothidium acidoclinatum*（Lange-Bertalot）Lange-Bertalot，1999 图版 7：26-31

鉴定文献：Lange-Bertalot，Hofmann，Werum et al. 2017，p. 519，pl. 27，figs. 47-51；Wojtal 2013，p. 129，pl. 143，figs. 1-22；Lange-Bertalot and Metzeltin 1996，p. 22-23，pl. 21，figs. 22-24c；pl. 113，figs. 1-7；刘妍，范亚文和王全喜 2016，p. 2341，pl. Ⅰ，figs. 13-18.

Achnanthes acidoclinata Lange-Bertalot，1996，p. 22，pl. 21，figs. 22-24c；pl. 113，figs. 1-7

形态特征：壳面椭圆形，末端圆形；具壳缝面线纹平行，中轴区窄，中央区线纹短；无壳缝面线纹短且呈辐射状，中轴区较宽；长 14~18 μm，宽 5~7 μm，线纹 10 μm 内 12~15 条。

生境：底栖，水草附着。

分布：国内分布于山西、黑龙江、海南；国外分布于德国、荷兰，白令岛。

卡氏藻属 *Karayevia* Round & L. Bukhtiyarova ex Round，1998

（36）克里夫卡氏藻 *Karayevia clevei*（Grunow）Bukhtiyarova，1999 图版 7：32-41

鉴定文献：Bukhtiyarova 1999，p. 94；Lange-Bertalot，Hofmann，Werum et al. 2017，p. 347，pl. 26，figs. 47-52；Bukhtiyarova 2006，p. 88，figs. 1，5-8；王全喜和邓贵平 2017，p. 125，figs. 9-49.

Achnanthes clevei Grunow，1880，p. 21

Actinoneis clevei（Grunow）Cleve，1895，p. 186

Achnanthidium clevei（Grunow）D. B. Czarnecki，1995，p. 207

形态特征：壳面披针形至线形-披针形；长 13~15 μm，宽 5~6 μm；具壳缝面，线纹呈辐射状，10 μm 内有 20 条；无壳缝面，中轴区窄线形，线纹平行，10 μm 内有 12 条。

生境：底栖，水草附着，浮游。

分布：国内分布于山西、江西、四川、黑龙江、安徽、江苏、山东、云南，上海；国外分布于英国、西班牙、德国、墨西哥、美国、阿根廷、伊拉克、印度、俄罗斯，白令岛、塔斯马尼亚岛、夏威夷群岛和亚速尔群岛。

海螺藻目 Thalassiophysales D. G. Mann，1990

双眉藻科 Catenulaceae Mereschkowsky，1902

双眉藻属 *Amphora* Ehrenberg ex Kützing，1844

（37）极小双眉藻 *Amphora minutissima* W. Smith，1853 图版 8：1-5

鉴定文献：Smith 1853，p. 20，pl. Ⅱ，fig. 30；Mann and Poulícková 2010，p. 186，figs. 3-5；Levkov 2009，p. 85，pl. 46，fig. 24；pl. 47，figs. 17-25；pl. 164，figs. 1，4.

Amphora pediculus var. *minutissima*（W. Smith）H. Peragallo，1889，p. 226

Amphora ovalis f. *minutissima*（W. Smith）Ant. Mayer，1913，p. 276，pl. 12，fig. 15；pl. 27，fig. 3

Amphora ovalis var. *minutissima*（W. Smith）Hurter，1928，p. 176

形态特征：壳面半椭圆形，背缘光滑拱起，腹缘凹或略隆起；壳面长

19~30 μm，宽 4~6 μm；中轴区窄，略呈拱形；中央区有宽阔的中部带；壳缝分支双弓形，近壳缝端和远壳缝端背弯；背侧线纹中部平行，向壳面末端呈放射状；腹侧线纹在中间呈放射状，向壳面末端呈汇聚状；线纹 10 μm 内有 16~18 条。

生境：底栖，浮游，水草附着。

分布：国内分布于北京、上海，河北、陕西、山西、内蒙古、吉林、黑龙江、江苏、江西、安徽、山东、福建、台湾、湖南、贵州、重庆、四川、云南、西藏、宁夏、青海、新疆；国外分布于奥地利、英国、加拿大、古巴、伊朗、俄罗斯、澳大利亚，阿拉斯加，亚速尔群岛。

（38）卵形双眉藻 *Amphora ovalis*（Kützing）Kützing，1844 图版 7：48-52

鉴定文献：Kützing 1844，p. 107，pl. 5，figs. 35，39；Lange-Bertalot，Hofmann，Werum et al. 2017，p. 101，pl. 92，figs. 1-5；Krammer and Lange-Bertalot 2004，p. 344，pl. 2，figs. 7-9；pl. 149，figs. 1，2；施之新 2013，p. 31，pl. 10，figs. 1-3.

Frustulia ovalis Kützing，1834，p. 539，pl. 13，fig. 5

Clevamphora ovalis（Kützing）Mereschkowsky，1906，p. 25

形态特征：壳面半椭圆形，腹缘是直的或略凹的，背缘强烈凸出，末端钝圆；长 40~60 μm，宽 29 ~45 μm；腹侧线纹在中心呈放射状，向末端收敛，背侧线纹呈放射状；中轴区较窄且弯曲，中央区腹缘形成中部带；壳缝分支双弯曲；线纹 10 μm 内有 15~17 条。

生境：底栖，水草附着。

分布：国内分布于北京、上海，河北、内蒙古、黑龙江、吉林、山西、辽宁、江苏、浙江、江西、福建、山东、湖北、湖南、贵州、重庆、四川、云南、西藏、陕西、青海、新疆、台湾；国外分布于德国、法国、加拿大、古巴、巴西、苏丹、埃及、印度、俄罗斯、澳大利亚、新西兰，阿拉斯加，夏威夷群岛、斯瓦尔巴群岛和亚速尔群岛。

（39）虱形双眉藻 *Amphora pediculus*（Kützing）Grunow，1875 图版 7：42-47

鉴定文献：Schmidt 1875，pl. 26，fig. 99；Lange - Bertalot，Hofmann，Werum et al. 2017，p. 102，pl. 93，figs. 29-33；Krammer and Lange-Bertalot 2004，p. 346，pl. 150，figs. 8 - 13；施之新 2013，p. 28，pl. 9，fig. 5；pl. 43，fig. 8.

Cymbella pediculus Kützing，1844，p. 80，pl. 5，fig. Ⅷ；pl. 6，fig. Ⅶ

Cymbella cespitosa var. *pediculus*（Kützing）Brun，1880，p. 56，pl. 3，fig. 13

Amphora ovalis var. *pediculus*（Kützing）Van Heurck，1885，p. 59

Encyonema pediculus（Kützing）H. Peragallo，1889，p. 242

Clevamphora ovalis var. *pediculus*（Kützing）Mereschkowsky，1906，p. 25

形态特征：壳面半椭圆形，腹缘微凹或直，不膨大，背缘凸出，末端钝圆；壳面长 13~21 μm，宽 6~7 μm；腹侧线纹短而细，中央呈放射状，背侧线纹中央区放射状；中轴区线形；线纹 10 μm 内有 18~22 条。

生境：水草附着。

分布：国内分布于北京、上海、重庆，河北、陕西、山西、内蒙古、吉林、黑龙江、江苏、江西、安徽、山东、福建、台湾、湖南、贵州、四川、云南、西藏、宁夏、青海、新疆；国外分布于奥地利、英国、加拿大、古巴、伊朗、俄罗斯、澳大利亚，阿拉斯加，亚速尔群岛。

海生双眉藻属 *Halamphora*（Cleve）Levkov，2009

（40）诺曼海生双眉藻 *Halamphora normanii*（Rabenhorst）Levkov，2009 图版 8：6-10

Levkov 2009，p. 208，pl. 94，figs. 1 - 8；28 - 32；Wojtal 2013，p. 106，pl. 91，figs. 1-12.

Amphora normanii Rabenhorst，1864，p. 88

鉴定文献：壳面半披针形，背缘光滑呈弓弧形，腹缘稍凸；末端延伸，头状和腹侧弯曲；壳面长 37~49 μm，宽 6~8 μm；中央区在背侧呈半圆形，扩展到背缘；壳缝分支弯曲，近壳缝端明显弯向背侧；背侧线纹近乎放射状排列，10 μm 有 16~20 条，腹侧线纹在光学显微镜下几乎看不到。

生境：底栖，浮游，水草附着。

分布：国内分布于山西、海南、江西、四川、新疆、云南、安徽；国外分布于法国、墨西哥、伊朗、印度、日本、哥伦比亚。

（41）伪山海生双眉藻 *Halamphora pseudomontana*（Cholnoky）Levkov, 2009 图版 8：15-19

鉴定文献：Levkov 2009, p. 217, pl. 104, figs. 19-25.

Amphora pseudomontana Cholnoky, 1960, p. 25, pl. 1, fig. 66

形态特征：壳面半披针形，具有背腹性；背缘较平缓的弓弧形，腹缘略凸；末端轻微延伸，近头状，稍向腹侧弯曲；长 30~32 μm，宽 6~7 μm；背侧中央区延伸至壳面边缘，常有数条缩短的“假线纹”；腹侧中部带较宽；壳缝分支呈弓弧形；背侧线纹具细点状，在 10 μm 中 19~23 条；腹侧线纹不明显，在光学显微镜下难以分辨。

生境：底栖。

分布：国内分布于山西。

（42）施罗德海生双眉藻 *Halamphora schroederi*（Hustedt）Levkov, 2009 图版 8：11-14

鉴定文献：Levkov 2009, p. 223, pl. 95, figs. 13-19.

Amphora schroederi Hustedt, 1921, p. 161, figs. 16-18

形态特征：壳面半披针形，背腹侧有平滑弯曲的背侧边缘，中部稍近收缩，腹侧边缘略凸，壳面末端延伸，头状，腹侧弯曲；长 30~39 μm，宽 12~15 μm；中轴区宽，腹侧比背侧区域多；壳缝近壳缝末端略微弯向背侧；背侧线纹辐射状，在 10 μm 中 19~21 条；腹侧线纹不明显，存在于腹侧边缘。

生境：水草附着。

分布：国内分布于山西、青海、广东；国外分布于印度、塔吉克斯坦。

桥弯藻目 Cymbellales D. G. Mann，1990

桥弯藻科 Cymbellaceae Greville，1833

桥弯藻属 *Cymbella* Agardh，1830

（43）粗糙桥弯藻 *Cymbella aspera*（Ehrenberg）Cleve，1894　图版 11：22-23

鉴定文献：Cleve 1894，p. 175；Krammer 2002，p. 114，pl. 124，figs. 1-8；pl. 125，figs. 1-4；pl. 126，figs. 1-5；pl. 127，fig. 7；pl. 142，fig. 7；Krammer and Lange-Bertalot 1986，p. 319，pl. 131，figs. 1-3；pl. 7，fig. 1；pl. 8，fig. 2；Lange-Bertalot，Hofmann，Werum et al. 2017，p. 157，pl. 84，figs. 1-2；Wojtal 2013，p. 84，pl. 35，figs. 1，2；pl. 36，figs. 1-6；施之新 2013，p. 125，pl. 35，fig. 7，pl. 42，fig. 10；朱蕙忠和陈嘉佑 2000，p. 205，pl. 37，fig. 8.

Cocconema asperum Ehrenberg，1840，p. 206

形态特征：壳面具明显的背腹性，壳面披针形，末端圆形；背缘明显弯曲，腹缘具明显的凸起；长 168~200 μm，宽 30~41 μm；中央区比中轴区略宽，中央区不对称，在腹侧圆，在背侧近平；腹侧中央区具 7~10 个孤点；近峰端壳缝窄，膨大且轻微弯向腹侧，远壳缝端镰刀状，弯向背侧；线纹呈辐射状，10 μm 内 8~9 条。

生境：水草附着，底栖。

分布：国内分布于山西、黑龙江、内蒙古、吉林、江苏、安徽、福建、江西、湖北、山东、湖南、四川、云南、西藏、贵州、青海、陕西，上海、重庆；国外分布于冰岛、古巴、英国、法国、加拿大、伊朗、印度、泰国、日本、韩国、澳大利亚。

（44）胡斯特桥弯藻 *Cymbella hustedtii* Krasske，1923　图版 10：10-14

鉴定文献：Krasske 1923，p. 204，fig. 11；Krammer 2002，p. 137，

pl. 160, figs. 7–27; pl. 193, figs. 1–6; Lange-Bertalot, Hofmann, Werum et al. 2017, p. 162, pl. 79, figs. 28–31; 施之新 2013, p. 109, pl. 30, fig. 1; pl. 43, fig. 1; 朱蕙忠和陈嘉佑 2000, p. 210, pl. 39, fig. 2.

形态特征：壳面轻微背腹性，椭圆披针形，壳面末端窄圆形且不延长；长 22~26 μm，宽 7 μm；中轴区窄；壳缝位于壳面中线或轻微腹侧偏离，明显弯曲；线纹点状，轻微辐射状排列，10 μm 内 9~10 条；孤点不存在。

生境：底栖，水草附着，浮游。

分布：国内分布于山西、吉林、黑龙江、江苏、安徽、江西、湖北、湖南、广东、广西、海南、四川、贵州、云南、西藏、陕西、青海、台湾，上海、重庆；国外分布于俄罗斯、德国、美国、古巴、苏丹、伊朗、孟加拉国、新西兰。

（45）马吉亚桥弯藻 *Cymbella maggiana* Krammer, 2002 图版 9：1–7

鉴定文献：Krammer 2002, p. 62, 165, pl. 45, figs. 6–13.

形态特征：壳面具背腹性，半披针形，背侧边缘强烈拱形，腹侧边缘直或凸起，末端钝圆；长 50~67 μm，宽 11~12 μm；中轴区窄；壳缝轻微腹侧偏离；线纹辐射状，10 μm 内 9~10 条；在腹侧中央区具 1 个孤点。

生境：底栖，水草附着。

分布：国内分布于山西；国外分布于法国、瑞士、美国。

（46）新箱形桥弯藻新月形变种 *Cymbella neocistula* var. *lunata* Krammer, 2002 图版 9：11–14

鉴定文献：Krammer 2002, p. 95, 169, pl. 89, figs. 1–7；施之新 2013, p. 131, pl. 37, fig. 9; pl. 43, fig. 10.

形态特征：壳面具强烈背腹性，背侧边缘强烈弯曲，腹侧边缘近新月形，壳面末端圆形；长 73~78 μm，宽 13~15 μm；中轴区窄；中央区小，圆形；壳缝位于壳面中线或轻微偏腹侧且呈弯曲状；线纹 10 μm 内 8~9 条；中央区有 2~3 个孤点。

生境：底栖，水草附着。

分布：国内分布于山西、内蒙古；国外分布于美国、蒙古。

（47）微细桥弯藻 *Cymbella parva*（W. Smith）Kirchner，1878 图版 10：1-9

鉴定文献：Kirchner 1878，p. 118；Krammer 2002，p. 112，pl. 31，figs. 2-3；Lange-Bertalot，Hofmann，Werum et al. 2017，p. 166，pl. 79，figs. 32-34；施之新 2013，p. 112，pl. 31，figs. 2-3；朱蕙忠和陈嘉佑 2000，p. 214，pl. 39，fig. 15.

形态特征：壳面轻微到中度背腹性，披针形，背缘明显凸起，腹缘轻微凸起，末端窄圆形；长 35~38 μm，宽 9 μm；中轴区窄，略弯曲；壳缝轻微腹侧偏离；线纹辐射状排列，10 μm 内 11~12 条；具一个明显的孤点。

生境：底栖，水草附着。

分布：国内分布于天津、上海、重庆，陕西、山西、江苏、四川、西藏、山东、河南、云南、青海、宁夏；国外分布于英国、美国、苏丹、伊拉克、俄罗斯，斯瓦尔巴群岛和亚速尔群岛。

（48）极细桥弯藻 *Cymbella perparva* Krammer，2002 图版 10：24-27

鉴定文献：Krammer 2002，p. 38，160，pl. 18，figs. 1-15；pl. 53，figs. 1-19.

形态特征：壳面中度到强烈背腹性，半披针形，背缘明显凸起，腹缘近直或在中部轻微膨大，末端圆形；长 48~63 μm，宽 10 μm；中轴区窄线形；壳缝轻微或中度的腹侧偏离；线纹辐射状排列，10 μm 内 8~9 条；中央区具 1~3 个孤点。

生境：底栖，浮游，水草附着。

分布：国内分布于山西、青海、云南；国外分布于法国、美国、印度、俄罗斯。

（49）近微细桥弯藻 *Cymbella pervarians* Krammer，2002 图版 9：8-10

鉴定文献：Krammer 2002，p. 58，164，pl. 39，figs. 8-18；pl. 41，figs. 1-12；pl. 42，figs. 1-12.

形态特征：壳面明显背腹性，披针形，背侧边缘强烈拱形，腹侧边缘直或轻微凸起，末端宽圆形；长 65~86 μm，宽 13~15 μm；中轴区窄；中央区不明显；壳缝无或者轻微向腹侧偏离；线纹明显点状，轻微辐射状排列，10 μm 内 9~10 条；在腹侧中央区具一个大的孤点。

生境：底栖，水草附着，浮游。

分布：国内分布于山西、四川；国外分布于斯堪的那维亚，德国、美国。

（50）*Cymbella* sp.　图版 10：20-23

形态特征：壳面中度到强烈背腹性，半披针形，背缘明显凸起，腹缘在中部轻微膨大，末端延伸，宽圆形；长 58~66 μm，宽 13~16 μm；中轴区窄线形；中央区不存在或轻微发育；壳缝轻微或中度的腹侧偏离；线纹点状，平行或放射状排列，10 μm 内 6~8 条；腹侧中央区具 3 个孤点。

生境：底栖，水草附着。

分布：国内分布于山西。

（51）近细角桥弯藻 *Cymbella subleptoceros* Krammer，2002 图版 10：15-19

鉴定文献：Krammer 2002，p. 133，173，pl. 154，figs. 2-17；pl. 155，figs. 1-7；pl. 161，figs. 12a，b；Lange-Bertalot，Hofmann，Werum et al. 2017，p. 166；闵华明和马家海 2007，p. 363，pl. Ⅲ，fig. 64.

形态特征：壳面轻微背腹性，披针形，背缘高度拱形，腹缘略弓形或略凹弧形或几乎直，末端窄或尖圆形；长 29~34 μm，宽 8~9 μm；中轴区窄，线形或线形披针形，中央区不明显；壳缝位于壳面中线，轻微侧向；线纹轻微辐射状排列，10 μm 内 8~10 条；无孤点。

生境：底栖，水草附着。

分布：国内分布于云南、山西、黑龙江、青海、四川、西藏、甘肃，上海；国外分布于法国、德国、土耳其、美国、俄罗斯。

（52）苏门答腊桥弯藻 *Cymbella sumatrensis* Hustedt，1937 图版 8：20-27

鉴定文献：Hustedt 1937，p. 429，pl. 25，figs. 17-19；Krammer 2002，

p. 72, pl. 54, fig. 1; Simonsen 1987, p. 236, pl. 344, figs. 7－10; 施之新 2013, p. 122, pl. 33, figs. 3, 8.

形态特征：壳面具中度背腹性，披针形，背侧边缘强烈弯曲，腹侧边缘轻微凸起或直，壳面末端钝圆；壳面长 34～47 μm，宽 10～11 μm；中轴区窄，中央区小；线纹轻微辐射状，10 μm 内 11～12 条。

生境：底栖，水草附着。

分布：国内分布于安徽、湖北、湖南、四川、贵州、山西、云南、西藏、青海、新疆；国外分布于印度尼西亚、巴布亚新几内亚、泰国、伊拉克、韩国、澳大利亚，夏威夷群岛。

弯肋藻属 *Cymbopleura*（Krammer）Krammer, 1999

（53）双头弯肋藻 *Cymbopleura amphicephala*（Nägeli ex Kützing）Krammer, 2003 图版 11：1-5

鉴定文献：Krammer 2003, p. 70, pl. 91, figs. 1－18; pl. 93, figs. 2－8; Lange-Bertalot, Hofmann, Werum et al. 2017, p. 173, pl. 85, figs. 6-10; 施之新 2013, p. 94, pl. 25, figs. 4-5; pl. 41, fig. 18; 王全喜和邓贵平 2017, p. 141, pl. 9-76.

Cymbella amphicephala Näegeli ex Kützing, 1849, p. 890

形态特征：壳面椭圆形，轻微背腹性，末端头状到亚头状，向腹缘稍微弯曲；长 27～34 μm，宽 8～9 μm；中央区很小，不对称，由一侧或两侧的 1～3 条短线纹组成；壳缝丝状，近壳缝末端向腹侧边缘轻微偏转；线纹轻微辐射状，10 μm 内 12～14 条。

生境：水草附着，底栖。

分布：国内分布于北京、重庆，山西、黑龙江、安徽、江西、山东、湖北、湖南、四川、云南、贵州、西藏、陕西、宁夏、青海、新疆；国外分布于德国、美国、哥伦比亚、伊朗、印度、俄罗斯、新西兰，埃尔斯米尔岛和亚速尔群岛。

（54）不定弯肋藻 *Cymbopleura incerta*（Grunow）Krammer, 2003 图版

12：4-7

鉴定文献：Krammer 2003, p. 90, pl. 110, figs. 1-16; pl. 111, figs. 1-14b; pl. 112, figs. 1-18; Lange-Bertalot, Hofmann, Werum et al. 2017, p. 177, pl. 86, figs. 1, 2; Krammer and Lange-Bertalot 1986, p. 329, pl. 136, figs. 1-12; 王全喜和邓贵平 2017, p. 142, pl. 9-77.

Cymbella incerta Grunow, 1878, No. 96

Cymbella pisciculus var. *incerta* (Grunow) Grunow, 1881, p. 13, pl. 16, fig. 12

Cymbella subaequalis var. *incerta* (Grunow) Grunow, 1885, Type No. 30

Cymbella scotica var. *incerta* (Grunow) Ross, 1947, p. 219

形态特征：壳面披针形，中度背腹性，具圆形末端；长 40~60 μm，宽 8~9 μm；中轴区窄，在壳面中央加宽成椭圆形中央区，中央区占壳面的 1/3~1/2；壳缝在近壳缝末端轻微膨大，弯向腹侧，远壳缝末端窄，钩状弯曲背侧；线纹微辐射状排列，10 μm 内 12~14 条。

生境：底栖，水草附着。

分布：国内分布于山西、安徽、广西、贵州、云南；国外分布于德国、土耳其、美国、蒙古、俄罗斯。

（55）库尔伯斯弯肋藻 *Cymbopleura kuelbsii* Krammer, 2003 图版 11：17-21

鉴定文献：Krammer 2003, p. 94, 162, pl. 113, figs. 1-7b; pl. 127, figs. 11, 12, 19; Ector and Hlúbiková 2010, p. 41, pl. 81, figs 50-71; 施之新 2013, p. 101, pl. 28, fig. 6; 王全喜和邓贵平 2017, p. 142, pl. 9-78.

形态特征：壳面轻微背腹性，披针形，两侧缘轻微弓形弯曲，末端圆形；长 30~35 μm，宽 6~7 μm；中轴区窄线形，向壳面末端渐窄；中央区向背侧扩大几乎延伸到壳面边缘；近壳缝末端向腹侧轻微偏转，远壳缝末端弯向背侧；线纹放射状排列，10 μm 内 9~12 条。

生境：水草附着，底栖，浮游。

分布：国内分布于上海、重庆，江苏、江西、湖北、湖南、四川、云南、西藏、青海；国外分布于法国、伊朗、俄罗斯。

（56）宽弯肋藻 *Cymbopleura lata*（Grunow ex Cleve）Krammer，2003 图版 12：1-3

鉴定文献：Krammer 2003，p. 20，pl. 20，figs. 1－7；pl. 21，figs. 1－6；pl. 22，figs. 1-8；Krammer and Lange-Bertalot 1986，p. 337，pl. 143，figs. 17，18；施之新 2013，p. 80，pl. 21，fig. 1；pl. 41，fig. 15；朱蕙忠和陈嘉佑 2000，p. 212，pl. 39，fig. 10.

Cymbella lata Grunow ex Cleve，1894，p. 165，pl. 4，fig. 27

形态特征：壳面轻微背腹性，披针形-椭圆披针形，两侧缘拱形弯曲且背缘的弯曲度大于腹缘，末端凸起呈宽头状，端部圆形或截圆形；长 57~82 μm，宽 16 μm；中轴区窄线形，在中央区变宽；中央区呈近圆形；壳缝位于中线且轻微向腹侧偏离，近壳缝末端向腹侧弯曲且膨大，远壳缝末端呈问号状弯向背侧；线纹放射状排列，10 μm 内 8~9 条。

生境：水草附着，底栖。

分布：国内分布于上海，山西、江苏、江西、湖北、四川、云南、西藏、青海；国外分布于德国、爱尔兰、美国、土耳其、俄罗斯。

（57）近相等弯肋藻 *Cymbopleura subaequalis*（Grunow）Krammer，2003 图版 11：24-28

鉴定文献：Krammer 2003，p. 101，pl. 119，figs. 1-15，19；pl. 120，figs 1-8；pl. 121，figs. 1-5；pl. 122，fig. 18；pl. 123，figs. 1-12：13，19；pl. 124，figs. 9-19；pl. 126，figs. 9-11；pl. 128，figs 4-8；Lange-Bertalot，Hofmann，Werum et al. 2017，p. 178，pl. 86，figs. 3-7. Wojtal 2013，p. 85，pl. 39，figs. 1-13；施之新 2013，p. 97，pl. 27，figs. 1，5.

Cymbella subaequalis Grunow，1880，p. 61，pl. 3，fig. 2

Cymbella aequalis var. *subaequalis*（Grunow）Mayer，1919，p. 208，pl. 9，figs 58，59

Cymbella obtusa var. *subaequalis*（Grunow）A. Cleve，1932，p. 112

形态特征：壳面披针形到椭圆披针形，略背腹性，两侧缘均呈拱状弯曲，但背缘比腹缘弯曲度大，两端略呈波状收缩，末端宽圆形或截圆形；长 24~41 μm，宽 7~8 μm；中轴区窄，从两端到中央逐渐变宽，中央区小，不规则；壳缝略向腹侧偏离，近壳缝末端向腹侧弯曲且轻微膨大，远壳缝末端呈逗号状弯向背侧；线纹辐射状排列，10 μm 内 10~11 条。

生境：底栖，水草附着。

分布：国内分布于山西、湖南、吉林、黑龙江、江西、四川、西藏、青海；国外分布于保加利亚、西班牙、美国、印度、俄罗斯、土耳其，阿拉斯加。

优美藻属 *Delicata* Krammer，2003

（58）中华优美藻 *Delicata sinensis* Krammer & Metzeltin，2003 图版 11：6-11

鉴定文献：Krammer and Metzeltin 2003，p. 121，166，pl. 136，figs. 13-20；施之新 2013，p. 74，pl. 20，fig. 1.

形态特征：壳面轻微背腹性，线形披针形，末端圆，轻微背侧弯曲；长 37~42 μm，宽 6 μm；中轴区窄，弯曲，轻微腹侧偏移，中央区明显向背侧延伸扩大至近壳面边缘而呈近矩形的无纹区；壳缝远壳缝末端呈逗号状，向背侧弯曲；线纹轻微辐射状排列；10 μm 内 14~15 条。

生境：浮游，水草附着，底栖。

分布：国内分布于重庆，湖南、山西、四川、云南、新疆；国外分布于伊朗。

（59）维里纳优美藻 *Delicata verena* Lange-Bertalot & Krammer，2003 图版 11：12-16

鉴定文献：Lange-Bertalot and Krammer，nom. inval. 2003，p. 120，166，pl. 137，figs. 1-9.

形态特征：壳面具背腹性，背缘呈弓形，腹缘中部膨大，末端延伸，圆形；长 34~38 μm，宽 7.5 μm；中轴区较宽，线形，轻微向腹侧偏移，中央区明显向两侧扩张，但并无缩短线纹；壳缝侧向，近壳缝末端向背侧偏离，远壳缝末端向背侧弯曲；线纹辐射状排列，10 μm 内 18~19 条。

生境：附着。

分布：国内分布于山西。

拟内丝藻属 *Encyonopsis* Krammer，1997

（60）塞萨特拟内丝藻 *Encyonopsis cesatii*（Rabenhorst）Krammer，1997

图版 12：30-35

鉴定文献：Krammer 1997，p. 156，152，pl. 182，figs 1-13；pl. 183，figs 10-12；pl. 185，figs. 1-7，11-13；Lange-Bertalot，Hofmann，Werum et al. 2017，p. 211，pl. 91，figs. 1-11. Wojtal 2013，p. 91，pl. 52，figs. 1-17；Metzeltin，Lange-Bertalot，Nergui 2009，p. 424，pl. 146，figs. 12，13；p. 436，pl. 152，fig. 10；Krammer and Lange-Bertalot 1986，p. 325，pl. 134，figs. 1-3；施之新 2013，p. 47，pl. 12，figs. 6-7；pl. 40，fig，12；朱蕙忠和陈嘉佑 2000，p. 206，pl. 37，figs. 14-15.

Navicula cesatii Rabenhorst，1853，p. 39，fig. 89

Cymbella cesatii（Rabenhorst）Grunow，1881，pl. 71，figs. 48-49

形态特征：壳面狭披针形，无或轻微背腹性，背腹缘均呈弓形弯曲，两端略收缩呈喙状或亚喙状，末端狭圆形；长 26~38 μm，宽 5~7 μm；中轴区略向腹侧偏离，窄线形，中央区呈不规则圆形，腹侧区大于背侧区；壳缝的近壳缝末端轻微偏向腹侧，远壳缝末端呈逗号向腹侧弯曲；线纹放射状，10 μm 内 18 条。

生境：水草附着，底栖，浮游。

分布：国内分布于重庆，山西、吉林、黑龙江、江苏、安徽、江西、湖南、四川、贵州、云南、西藏、青海；国外分布于英国、德国、美国、刚果、土耳其、俄罗斯、新西兰，亚速尔群岛。

（61）药用拟内丝藻 *Encyonopsis medicinalis* Bahls，2013 图版 12：36-40

鉴定文献：Bahls 2013，p. 25，figs. 123-128［circled holotype specimen in Fig. 128］.

形态特征：壳面椭圆披针形，无或轻微背腹性，末端喙状或亚头状；长 16~20 μm，宽 5~6 μm；中轴区窄且位于壳面中部，中央区小，不对称，腹侧区比背侧区大；壳缝丝状，近壳缝末端不膨大且向背侧弯曲，远壳缝末端钩状弯向腹侧；线纹轻微辐射状，10 μm 内 28 条。

生境：底栖，浮游，水草附着。

分布：国内分布于山西；国外分布于美国。

（62）粗糙拟内丝藻 *Encyonopsis robusta*（Hustedt）Bahls，2013 图版 12：15-19

鉴定文献：Bahls 2013，p. 29，figs. 134-138.

Cymbella microcephala f. *robusta* Hustedt，1939，p. 561，pl. XXV，figs. 14，15

形态特征：壳面线形到线形披针形，无背腹性或轻微背腹性，末端头状；长 13~18 μm，宽 3 μm；中轴区窄，中央区小，圆形；壳缝丝状，近壳缝末端不膨大，向背侧偏离，远壳缝末端呈逗号状向腹侧弯曲；线纹轻微辐射状，10 μm 内 20 条。

生境：底栖，水草附着，浮游。

分布：国内分布于山西、青海、江西、黑龙江；国外分布于法国，贝加尔湖。

异极藻科 Gomphonemataceae Kützing，1844

内丝藻属 *Encyonema* Kützing，1834

（63）奥尔斯瓦尔德内丝藻 *Encyonema auerswaldii* Rabenhorst，1853 图版 11：29-32

鉴定文献：Rabenhorst 1853，p. 24，pl. 7，fig. 2；Lange - Bertalot，

Hofmann, Werum et al. 2017, p. 203, pl. 88, figs. 10 - 14; Krammer and Lange-Bertalot 1986, p. 310, pl. 121, figs. 12-16; pl. 122, figs. 1-5; pl. 8, fig. 1; 施之新 2013, p. 68, pl. 18, figs. 1-2, 4-6; pl. 40, figs. 13-14.

Encyonema cespitosum var. *auerswaldii* (Rabenhorst) van Heurck, 1885, p. 66, pl. 3, fig. 24 (as "caespitosum")

Cymbella ventricosa var. *auerswaldi*i (Rabenhorst) Meister, 1912, p. 191; pl. 33, fig. 1

Cymbella cespitosa var. *auerswaldii* (Rabenhorst) A. Cleve, 1955, p. 126, figs. 1178a-c

Cymbella prostrata var. *auerswaldii* (Rabenhorst) Reimer, 1975, p. 41; pl. 6, figs. 5-6

形态特征：壳面有强烈弯曲的背侧和轻微膨胀的腹侧，末端圆形或喙状；长 30~35 μm，宽 10~11 μm；中轴区轻微披针形，两端较窄，在壳面中央加宽形成圆形的中央区；壳缝的近壳缝末端背侧弯曲，远壳缝末端腹侧弯曲；背侧线纹近壳面中央平行，在末端辐射，10 μm 内有 10~11 条，腹侧线纹轻微辐射状排列，10 μm 内有 8~9 条。

生境：浮游，水草附着。

分布：国内分布于山西、云南、黑龙江、新疆、西藏；国外分布于法国、西班牙、美国、伊朗、新西兰。

（64）马来西亚内丝藻 *Encyonema malaysianum* Krammer, 1997 图版 12：20-24

鉴定文献：Krammer 1997, p. 28, 186; pl. 109, figs. 17-24.

形态特征：壳面具背腹性，披针椭圆形，背缘和腹缘均凸起，末端无延伸，圆形；长 17~18μm，宽 4~5 μm；中轴区窄，线形，中央区不明显，腹侧中央区延伸到壳面边缘；壳缝近壳缝末端向背侧弯曲，远壳缝末端向腹侧弯曲；线纹辐射排列，10 μm 内 9~10 条。

生境：底栖，水草附着，浮游。

分布：国内分布于山西；国外分布于马来西亚。

（65）微小内丝藻 *Encyonema minutum*（Hilse）D. G. Mann，1990 图版 12：41-45

鉴定文献：Round，Crawford and Mann 1990，p. 667；Lange-Bertalot and Nergui 2009，p. 444，pl. 156，figs. 29-39；Lange-Bertalot，Hofmann，Werum et al. 2017，p. 205，pl. 89，figs. 33-40；Wojtal，2013，p. 89；樊高罡等 2021，p. 36，pl. 6，fig. 18.

Cymbella minuta Hilse，1862，No. 1261

Cymbella gracilis var. *minuta*（Hilse）Rabenhorst，1864，p. 81

Encyonema ventricosum f. *minuta*（Hilse）Grunow，1880，pl. 3，fig. 17

Encyonema ventricosum var. *minuta*（Hilse）Schmidt，1881，pl. 71，figs. 30-31

Cymbella ventricosa f. *minuta*（Hilse）Mereschkowsky，1906，p. 22

Cymbella ventricosa f. *minuta*（Hilse）Mayer，1913，p. 270；pl. 11，fig. 12（as "*Cymbella ventricosa* var. *genuina* f. *minuta*"）

Cymbella ventricosa f. *minuta*（Hilse）A. Cleve，1932，p. 114（as "*Cymbella ventricosa* var. *auerswaldii* f. *minuta*"）

Encyonema ventricosum var. *minutum*（Hilse）Mayer，1947，p. 229；pl. 1，figs. 14-15

Cymbella ventricosa var. *minuta*（Hilse）A. Cleve，1955，p. 125

形态特征：壳面具明显的背腹性，半披针形或半椭圆形，背缘呈明显的弓形弯曲，腹缘近直，末端圆形；长 13~18 μm，宽 4~5 μm；中轴区向腹侧弯曲，窄线形，几乎与腹缘平行，中央区不明显；壳缝明显向腹侧偏离，近直且几乎与腹缘平行；近壳缝末端轻微略膨大且背侧弯曲，远壳缝末端靠腹侧弯曲；线纹放射状排列，10 μm 内 16 条。

生境：底栖，水草附着，浮游。

分布：国内分布于河北、山西、内蒙古、吉林、黑龙江、山东、安徽、江西、湖北、湖南、四川、云南、西藏、陕西、青海，重庆；国外分布于加拿大、法国、美国、刚果、埃及、伊朗、印度、俄罗斯、韩国，夏威夷群岛和亚速尔群岛。

（66）*Encyonema* sp.　图版 12：25-29

形态特征：壳面具明显的背腹性，背缘弓形，腹缘近直，半披针形，末端钝圆；壳面长 15~25 μm，宽 5~6 μm；中轴区窄线形，中央区不明显，腹侧中央区线纹明显缩短；壳缝直，近壳缝末端同向弯向背侧，远壳缝末端同向弯向腹侧；线纹轻微辐射排列，10 μm 内 10~11 条。

生境：附着。

分布：国内分布于山西。

（67）偏肿内丝藻 *Encyonema ventricosum*（C. Agardh）Grunow，1875　图版 12：8-14

鉴定文献：Schmidt 1875，pl. 10，fig. 59；Lange-Bertalot，Hofmann，Werum et al. 2017，p. 209，pl. 89，figs. 18-22；Wojtal 2013，p. 90，pl. 50，figs. 1-12；施之新 2013，p. 66，pl. 17，figs. 2-4；pl. 40，fig. 20.

Frustulia ventricosa C. Agardh，1827，p. 626

Cymbella ventricosa（C. Agardh）C. Agardh，1830，p. 9

Cymbophora ventricosa（C. Agardh）Brébisson，1838，p. 14

形态特征：壳面具强烈的背腹性，半椭圆形，两端略收缩且凸出呈头状，末端狭圆形背缘呈明显的弓形弯曲，壳面半圆形，腹缘轻微弓形弯曲或平直，中部常有凸起；长 15~22 μm，宽 4~7 μm；中轴区明显向腹侧偏离，窄线形，中央区不明显；壳缝偏于腹侧，线形，近壳缝末端轻微膨大弯向背侧，远壳缝末端弯向腹侧；线纹辐射状排列，10 μm 内 13~16 条。

生境：底栖，浮游，水草附着。

分布：国内分布于山西、内蒙古、吉林、黑龙江、江苏、浙江、江西、山东、福建、湖南、四川、云南、西藏、新疆、陕西、宁夏、贵州，上海、重庆；国外分布于俄罗斯、英国、加拿大、美国、巴西、苏丹、印度、伊拉克、俄罗斯，昆士兰，亚速尔群岛。

异极藻属 *Gomphonema* Ehrenberg，1832

（68）尖异极藻 *Gomphonema acuminatum* Ehrenberg，1832 图版 13：15-18

鉴定文献：Ehrenberg 1832，p. 88；Lange-Bertalot 2016，p. 22 pl. 1，figs. 1-14；pl. 2，figs. 1-7；pl. 4，figs. 1-6；Lange-Bertalot，Hofmann，Werum et al. 2017，p. 297，pl. 95，figs. 9-12；Metzeltin，Lange-Bertalot and Nergui 2009，p. 476，pl. 172，figs. 18-21；p. 482，pl. 175，figs. 7-13；Krammer and Lange-Bertalot 1986，p. 362，pl. 165，figs. 20-24；施之新 2004，p. 20，pl. I，figs. 1-3；朱蕙忠和陈嘉佑 2000，p. 220，pl. 41，fig. 5.

Exilaria panduriformis Ehrenberg，1832，p. 86

Meridion panduriforme（Ehrenberg）Ehrenberg，1838，p. 208

Gomphonema laticeps Ehrenberg，1843，p. 416（128）

Gomphonema acuminatum var. *laticeps*（Ehrenberg）Grunow，1880，pl. 23，fig. 17

Gomphonema acuminatum f. *laticeps*（Ehrenberg）Dippel，1905，p. 96，fig. 203

Gomphonema acuminatum f. *laticeps*（Ehrenberg）Ant. Mayer，1913，p. 226，pl. 9，fig. 17（as "*Gomphonema acuminatum* var. *coronatum* f. *laticeps*"）

形态特征：壳面棍棒状，中央膨大，沿着边缘有两个缢缩，近头端壳面宽圆，足端尖圆；长 53~61 μm，宽 10 μm；中轴区窄，在壳面中央变宽形成不规则的中央区；中央区具一个孤点；壳缝侧向；近壳缝末端弯曲，远壳缝末端弯向壳套上，弯曲方向与孤点位置相反；线纹辐射状，10 μm 内 9 条；在足端具一个二裂形的顶孔区。

生境：底栖，水草附着。

分布：国内分布于山西、黑龙江、安徽、山东、湖北、湖南、四川、贵州、云南、西藏、青海；国外分布广泛，为世界广布种。

（69）小窄异极藻 *Gomphonema angustius* E. Reichardt，2009 图版 13：25-29

鉴定文献：Reichardt 2009，p. 161，figs. 9 – 30；Lange – Bertalot 2016，p. 29，pl. 163，figs. 32 – 51；pl. 165，figs. 1 – 32；pl. 166，figs. 1 – 8；pl. 167. fig. 5；Ector and Hlúbiková 2010，p. 64，pl. 101，figs. 43–55，56–62；pl. 102，figs. 1–5.

形态特征：壳面棍棒状到椭圆披针形，头端喙状，足端喙状圆形；长 17 ~ 37 μm，宽 5 ~ 7 μm；中轴区窄，线形，中央区大，一侧具一个孤点和缩短的线纹，另一侧中央区延伸到壳面边缘；壳缝轻微侧向，近壳缝末端泪滴状，轻微弯向孤点处，远壳缝末端弯曲方向与近壳缝末端弯曲方向相反并延伸到壳套上；线纹在壳面中部辐射状，10 μm 内 10 ~ 13 条；足端具顶孔区。

生境：底栖，水草附着。

分布：国内分布于山西；国外分布于法国、德国、土耳其。

（70）纤细异极藻 *Gomphonema gracile* Ehrenberg，1838 图版 15：1–8

鉴定文献：Ehrenberg 1838，p. 217，pl. 18，fig. 3；Krammer and Lange-Bertalot 1986，p. 361，pl. 156，figs. 1–11；pl. 154，figs. 26–27；Lange–Bertalot，Hofmann，Werum et al. 2017，p. 297；Wojtal 2013，p. 103，pl. 84，figs. 1–17；施之新 2004，p. 52，pl. XXII，figs. 1–5.

形态特征：壳面线形披针形，中部向两端渐窄，两端宽度几乎相等，末端尖圆形或狭圆形；长 67 ~ 70 μm，宽 10 μm；中轴区窄，线形，小，近圆形的中央区是由壳面中央两侧各一条短线纹组成，一侧具孤点；壳缝直，近壳缝末端轻微膨大，远壳缝末端延伸到壳套上；线纹放射状排列，10 μm 内 10 ~ 12 条；足端具顶孔区。

生境：底栖，浮游，水草附着。

分布：国内分布于上海、天津、重庆，山西、河北、内蒙古、吉林、黑龙江、安徽、山东、河南、湖北、湖南、四川、贵州、云南、西藏、陕西、新疆；国外分布广泛，为世界广布种。

（71）意大利异极藻 *Gomphonema italicum* Kützing，1844 图版 14：12-16

鉴定文献：Kützing 1844，p. 85，pl. 30，fig. 75；Lange-Bertalot，Hofmann，Werum et al. 2017，p. 307，pl. 97，figs. 7-9；Lange-Bertalot 2016，p. 63，pl. 15，figs. 1-16；pl. 23，figs. 6-8；施之新 2004，p. 27，pl. Ⅳ，figs. 7-8.

Sphenella italica（Kützing）Kützing，1849，p. 63

Gomphonema capitatum var. *italicum*（Kützing）G. Rabenhorst，1864，p. 288

Gomphonema constrictum var. *italicum*（Kützing）Grunow，1880，pl. 23，fig. 8

Gomphonema constrictum f. *italicum*（Kützing）Mayer，1928，p. 92；pl. 1，figs. 8-9（as "*Gomphonema constrictum* var. *capitatum* f. *italicum*"）

Gomphonema truncatum f. *italica*（Mayer）Woodhead & Tweed，1954，p. 278（as "*Gomphonema truncatum* var. *capitata* f. *italica*"）

Gomphonema constrictum f. *italica*（Kützing）Foged，1964，p. 137；pl. 20，fig. 13

形态特征：壳面棍棒状，中央膨大，足端突然变窄，头端宽圆形，末端尖圆形；长 37~46 μm，宽 11~13 μm；中轴区略宽，中央区不规则，由壳面中央的几条短线纹组成；中央区一侧具一个孤点；壳缝偏转明显，近壳缝末端泪滴状，弯向孤点侧，远壳缝末端弯曲方向与近壳缝末端相反且弯曲到壳套上；线纹在壳面中部辐射状排列，10 μm 内 11~13 条；足端具顶孔区。

生境：水草附着，底栖。

分布：国内分布于山西、黑龙江、云南、海南、甘肃、福建、湖北、西藏；国外分布于法国、西班牙、伊拉克、俄罗斯，昆士兰。

（72）似披针形异极藻 *Gomphonema lanceolatoides* Q. Lui，N. Cui，J. Feng，J. Lü，F. Nan，X. Liu，S. Xie & J. P. Kociolek，2021 图版 15：9–13

鉴定文献：Lui，Cui，Feng et al. 2021，p. 1049，figs. 51，70.

形态特征：壳面线形披针形到披针棍棒形，末端圆形；长 35~77 μm，宽 6~10 μm；中轴区窄，线形，中央区一侧线纹较长，终止于一个明显的圆形孤点；壳缝轻微偏转，近壳缝末端略膨大；线纹在壳面中央呈辐射状，10 μm 内 10~12 条，在头端和足端近平行排列，10 μm 内 13~15 条；足端顶孔区小。

生境：底栖，水草附着，浮游。

分布：国内分布于山西、河南、黑龙江。

（73）侧点异极藻 *Gomphonema lateripunctatum* E. Reichardt & Lange-Bertalot，1991 图版 13：1–9

鉴定文献：Reichardt and Lange-Bertalot 1991，p. 530，pl. 5，figs. 1–19；pl. 6，figs. 1–3；Lange-Bertalot 2016，p. 73，pl. 143，figs. 1–31；pl. 144，figs. 1–7；pl. 145，figs. 1–32；pl. 146. figs. 1–7；Lange-Bertalot，Hofmann，Werum et al. 2017，p. 308，pl. 97，figs. 25–30；王全喜和邓贵平 2017，p. 156，pl. 9–100.

形态特征：壳面线形披针形，棍棒状；长 25~33 μm，宽 6 μm；中轴区窄，中央区近矩形；中央区的一侧具短线纹，另一侧具一个孤点；壳缝直，近壳缝末端膨大，远壳缝末端弯向孤点相反的一侧；线纹平行或轻微辐射状，10 μm 内 7~10 条，在足端，线纹呈强烈辐射状；足端具顶孔区。

生境：底栖，浮游，水草附着。

分布：国内分布于山西、新疆、四川、青海；国外分布于奥地利、德国、美国、土耳其、尼泊尔。

（74）光城异极藻 *Gomphonema lychnidum* Levkov，Mitic-Kopanja & E. Reichardt，2016 图版 13：19–24

鉴定文献：Levkov，Mitic－Kopanja and E. Reichardt 2016，p. 77，78，pl. 149，figs. 1－55；Lange－Bertalot 2016，p. 77，pl. 149，figs. 1－55；pl. 150，figs. 1－8.

形态特征：壳面轻微异极，窄棍棒状，披针形到线形，足端和头端尖圆；壳面长 20～24 μm，宽 4 μm；中轴区非常窄，线形，中央区小，矩形，具一个孤点；壳缝轻微偏转，近壳缝末端膨大，泪滴状，轻微弯向孤点侧，远壳缝末端弯向相反方向并延伸到壳套上；线纹平行或轻微辐射状，10 μm 内 13 条；足端具顶孔区。

生境：底栖，水草附着，浮游。

分布：国内分布于山西；国外分布于马其顿。

（75）小足异极藻 *Gomphonema micropus* Kützing，1844 图版 13：35－37

鉴定文献：Kützing 1844，p. 84，pl. 8，fig. 12；Metzeltin Lange－Bertalot and Nergui 2009，p. 458，pl. 163，figs. 16 － 18；p. 486，pl. 177，fig. 11；Lange－Bertalot，Hofmann，Werum et al. 2017，p. 309，pl. 100，figs. 21－24；Wojtal 2013，p. 104；Lange－Bertalot 2016，p. 83，pl. 93，figs. 7，8；pl. 96，figs. 21－40；pl. 97，figs. 1－37；pl. 98，figs. 1－6；pl. 100，figs. 1－2；施之新 2004，p. 42，pl. XV，fig. 9.

Gomphonema tenellum var. *micropus*（Kützing）G. Rabenhorst，1864，p. 284

Gomphonema parvulum var. *micropus*（Kützing）Cleve，1894，p. 180

形态特征：壳面轻微异极，棍棒状，椭圆披针形，具宽圆头端和喙状足端；壳面长 26～36 μm，宽 7.5 μm；中轴区窄，线形；中央区大，矩形，不对称；壳缝轻微偏转，近壳缝末端膨大，弯曲到孤点处，远壳缝末端弯曲方向与近壳缝末端方向相反且延伸到壳套上；线纹在壳面中部呈轻微辐射，10 μm 内 9～14 条；足端具顶孔区。

生境：底栖。

分布：国内分布于山西、青海、黑龙江、西藏、云南、海南、江西、贵州、广西、湖北、河南、陕西；国外分布于德国、美国、印度、伊朗、加纳、日本、俄罗斯，亚速尔群岛。

（76）山区异极藻 *Gomphonema montanaviva* Q. Liu，N. Cui，J. Feng，J. Lü，F. Nan，X. Liu，S. Xie & J. P. Kociolek，2021 图版 15：14–18

鉴定文献：Liu，Cui，Feng et al. 2021，p. 1051，figs. 71–89.

形态特征：壳面披针棍棒状，末端圆形，长 48～65 μm，宽 8～10 μm；中轴区线形披针形，中央区不明显；壳缝偏转，近壳缝末端轻微弯曲；线纹点状，辐射状排列，10 μm 内 10～12 条；足端具顶孔区。

生境：底栖，水草附着。

分布：国内分布于山西、河南。

（77）小型异极藻 *Gomphonema parvulum*（Kützing）Kützing，1849 图版 13：10–14

鉴定文献：Kützing 1849，p. 65；Lange–Bertalot 2016，p. 98，pl. 102，figs. 1–38；pl. 103，figs. 1–18；pl. 104，figs. 1–2；pl. 106，figs. 1–4；pl. 107，figs. 1–5；pl. 110，figs. 34–38；Lange–Bertalot，Hofmann，Werum et al. 2017，p. 315，pl. 101，figs. 1–5；Metzeltin，Lange–Bertalot and Nergui 2009，p. 476，pl. 172，figs. 18–21；p. 482，pl. 175，figs. 7–13；Krammer and Lange–Bertalot 1986，p. 358，pl. 154，figs. 1–25；Wojtal 2013，p. 102，pl. 82，figs. 1–11；施之新 2004，p. 40，pl. XIV，figs. 2–4；朱蕙忠和陈嘉佑 2000，p. 230，pl. 43，fig. 15.

Sphenella parvula Kützing，1844，p. 83，pl. 30，fig. 63

Sphenoneis parvula（Kützing）Trevisan，1848，p. 97

Gomphonella parvula（Kützing）Rabenhorst，1853，p. 61

形态特征：壳面棒状披针形，向两端渐窄，头端明显比足端窄，头端具喙状或头状短凸起，足端狭圆形；长 15～25 μm，宽 5 μm；中轴区窄线形，中央区矩形，具 1 个孤点；线纹在中部平行排列，在末端呈放射状排列，10 μm 内 12～14 条。

生境：底栖，浮游，水草附着。

分布：国内分布于陕西、山西、河北、内蒙古、吉林、黑龙江、安徽、福建、江西、山东、河南、湖北、湖南、广东、广西、海南、四川、贵州、云南、西藏、青海、新疆；国外分布广泛，为世界广布种。

（78）假具球异极藻 *Gomphonema pseudosphaerophorum* H. Kobayasi, 1986 图版 14：27-31

鉴定文献：Ueyama and Kobayasi 1986, p. 452, pl. 1, figs. 1-10；Metzeltin Lange-Bertalot and Nergui 2009, p. 462, pl. 165, fig. 17；付志鑫等 2018, p. 18, pl. Ⅰ, figs. 10-14；pl. Ⅲ, figs. 3-6.

形态特征：壳面椭圆披针形，棍棒状；足端宽头状，圆形，长 41~60 μm，宽 10 μm；中轴区在末端窄，中央区矩形，有一个孤点；壳缝波状起伏，近壳缝末端轻微弯曲，远壳缝末端弯曲到壳套上；线纹点状，平行排列，10 μm 内 9 条；足端具明显的顶孔区。

生境：水草附着，底栖，浮游。

分布：国内分布于山西、海南、云南、黑龙江、广西、江西、山东、贵州、河南；国外分布于印度、日本、蒙古。

（79）亚等形异极藻 *Gomphonema subaequale* Levkov, 2011 图版 14：17-21

鉴定文献：Levkov and Williams 2011, p. 25, figs. 149-160, 178-184；Lange-Bertalot 2016, pl. 15, figs. 1-16；pl. 178, figs. 26-61；pl. 179, figs. 1-8.

形态特征：壳面明显异极，棍棒状，具宽圆形的头端及亚头状的足端；壳面长 18~21 μm，宽 5~6 μm；中轴区窄，线形，中央区小，具一个孤点；壳缝轻微偏转；近壳缝末端泪滴状，远壳缝末端延伸到壳套上；线纹在壳面中央呈辐射状，到两端近平行，10 μm 内 17~18 条；足端具顶孔区。

生境：附着。

分布：国内分布于山西、海南、江西、四川、西藏、安徽、江苏、黑龙江、云南，上海；国外分布于马其顿。

（80）*Gomphonema* sp.　图版 14：7-11

形态特征：壳面线形披针形到披针棍棒形，末端钝圆形；长 34～38 μm，宽 6～10 μm；中轴区窄，线形；中央区一侧一条线纹较长，具圆形的孤点，另一侧线纹较短；壳缝轻微偏转；线纹在壳面中央辐射状，向两端逐渐平行，10 μm 内 10～12 条；足端具顶孔区。

生境：底栖，水草附着。

分布：国内分布于山西。

（81）平顶异极藻 *Gomphonema truncatum* Ehrenberg，1832　图版 13：30-34

鉴定文献：Ehrenberg 1832，p. 88；Lange-Bertalot 2016，p. 130，pl. 12，figs. 1-16；pl. 13，figs. 1-7；pl. 14，figs. 1-19；Lange-Bertalot，Hofmann，Werum et al. 2017，p. 322，pl. 96，figs. 11-15；Metzeltin，Lange-Bertalot and Nergui 2009，p. 466，pl. 167，figs. 12-17；Krammer and Lange-Bertalot 1986，p. 369，pl. 159，figs. 11-18；倪依晨等 2013，p. 446，pl. Ⅱ，fig. 11.

Gomphonema constrictum var. *truncatum*（Ehrenberg）Gutwinski，1887，p. 146

形态特征：壳面棍棒状，中央膨胀，头端宽圆形，足端窄圆形；长 45～55 μm，宽 12 μm；中轴区直，中央区“蝴蝶结”形，具 1 个圆形孤点；壳缝侧偏，近壳缝末端膨大，远壳缝末端沿着孤点相反方向延伸到壳套上；线纹辐射状，10 μm 内 9～11 条，在头端近平行状排列，在足端强辐射状；足端具明显的顶孔区。

生境：底栖，水草附着。

分布：国内分布于海南、黑龙江、青海、山西、云南、湖北、甘肃、贵州、河南、吉林、陕西、台湾；国外分布于德国、美国、法国、巴西、苏丹、埃及、土耳其、印度、俄罗斯、澳大利亚，夏威夷群岛和亚速尔群岛。

（82）弧形异极藻 *Gomphonema vibrio* Ehrenberg，1843 图版 14：22-26

鉴定文献：Ehrenberg 1843，p. 416，pl. 2，fig. 40；Lange-Bertalot 2016，p. 136；Metzeltin，Lange-Bertalot and Nergui 2009，p. 642，pl. 255，figs. 1-3；p. 644，pl. 256，fig. 1；施之新 2004，p. 59，pl. XXXI，fig. 7.

Gomphonema intricatum var. *vibrio*（Ehrenberg）Cleve，1894，p. 182

Gomphonema dichotomum var. *vibrio*（Ehrenberg）Compère，1975，p. 374

形态特征：壳面线形披针形，棍棒状，头端宽圆形，足端圆形；长 55~68 μm，宽 8 μm；中轴区在两极窄，在壳面中央加宽，两侧各有一个短线纹组成中央区；壳缝直，轻微偏转，近壳缝末端轻微弯曲，远壳缝末端与近壳缝末端弯曲方向相同；线纹点状，辐射状排列，10 μm 内 6~7 条；在足端具明显的顶孔区。

生境：底栖，水草附着。

分布：国内分布在云南、海南、黑龙江、广西、新疆、陕西、山西、四川、河南、台湾；国外分布于法国、德国、美国、伊拉克、印度、俄罗斯、蒙古、新西兰，亚速尔群岛。

（83）云台异极藻 *Gomphonema yuntaiensis* Q. Liu，N. Cui，J. Feng，J. Lü，F. Nan，X. Liu，S. Xie & J. P. Kociolek，2021 图版 14：1-6

鉴定文献：Liu，Cui，Feng et al. 2021，p. 1045，figs. 19-36.

形态特征：壳面椭圆披针形棍棒状，末端圆；长 23~48 μm，宽 6~12 μm；中轴区窄，在壳面中央加宽形成横向延伸的中央区，无孤点；线纹轻微偏转；近壳缝末端轻微弯曲，远壳缝末端延伸到壳套上；线纹点状，辐射状排列，10 μm 内 11 条；在足端具明显的顶孔区。

生境：底栖，水草附着，浮游。

分布：国内分布于山西、河南。

弯楔藻科 Rhoicosphenia Grunow，1860

弯楔藻属 *Rhoicosphenia* Grunow，1860

（84）短纹弯楔藻 *Rhoicosphenia abbreviata*（C. Agardh）Lange-Bertalot，

1980 图版 15：19-28

鉴定文献：Lange-Bertalot 1980, p. 586, figs. 1 A, 3 C, D, 5 A; Lange-Bertalot, Hofmann, Werum et al. 2017, p. 535, pl. 19, figs. 43-49; Krammer and Lange-Bertalot 1986, p. 381, pl. 91, figs. 20-28; 朱蕙忠和陈嘉佑 2000, p. 233, pl. 44, figs. 9-11.

Gomphonema abbreviatum C. Agardh, 1831, p. 34

形态特征：壳面棍棒状，末端头状；壳体异极，带面观弯曲；腹侧壳面凹，有发育良好的壳缝系统；背侧壳面凸，在壳面两端具简化的壳缝；长 25.5～38 μm，宽 5 μm；中央区卵圆到椭圆形；壳面边缘的两极均有假隔膜；线纹单列，近平行排列，10 μm 内 10 条。

生境：底栖，水草附着，浮游。

分布：国内分布于山西、云南、黑龙江、海南、新疆、山东、贵州、陕西；国外分布广泛，为世界广布种。

胸隔藻目 Mastogloiales D. G. Mann

胸隔藻科 Mastogloiaceae Mereschkowsky, 1903

胸隔藻属 *Mastogloia Thwaites* in W. Smith, 1856

（85）湖沼胸膈藻 *Mastogloia lacustris*（Grunow）Grunow, 1880 图版 16：1-10

鉴定文献：Van Heurck 1880, pl. 4, fig. 14; Lange-Bertalot, Hofmann, Werum et al. 2017, p. 362, pl. 53, figs. 1-5; Krammer and Lange-Bertalot 1986, p. 434, pl. 201, figs. 1, 6; 朱蕙忠和陈嘉佑 2000, p. 124, pl. 10, figs. 15-16.

Mastogloia smithii var. *lacustris* Grunow, 1878, p. 111

Mastogloia capitata var. *lacustris*（Grunow）Voigt, 1966, p. 86

形态特征：细胞单生，壳面椭圆披针形，末端喙状；长 34～47 μm，宽 9～11 μm，线纹 10 μm 内 14～16 条；线纹点状，呈辐射状排列；中央区蝴蝶形；壳缝直，近壳缝末端轻微膨大，同侧弯曲，远壳缝末端轻微膨大，延伸到壳套上；内壳面有隔室，隔室大小相等，10 μm 内有 6~7 个隔室。

生境：水草附着。

分布：国内分布于山西、青海、西藏、黑龙江、山东、新疆、湖北、深圳、安徽、江西，重庆；国外分布于英国、墨西哥、美国、伊拉克、印度、俄罗斯、澳大利亚。

舟形藻目 Naviculales Bessey，1907

等列藻科 Diadesmidaceae D. G. Mann，1990

泥生藻属 *Luticola* Mann in Round，Crawford & Mann，1990

（86）印加泥生藻 *Luticola incana* Levkov，Metzeltin & A. Pavlov，2013 图版 16：21-25

鉴定文献：Levkov，Metzeltin and Pavlov 2013，p. 136，pl. 26，fig. 55.

形态特征：壳面线形到线形椭圆形，壳面末端卵圆形到截形；长 10~13 μm，宽 8 μm；中轴区窄线形，具单个孤点；近壳缝末端短，轻微弯向与孤点相反的方向，远壳缝末端短，轻微弯向与近壳缝末端相同的方向；线纹点状，在壳面中部辐射状，在壳面末端强辐射状，线纹 10 μm 内 20~22 条。

生境：底栖，水草附着。

分布：国内分布于山西；国外分布于智利。

（87）近菱形泥生藻 *Luticola pitranensis* Levkov，Metzeltin & A. Pavlov，2013 图版 16：26-31

鉴定文献：Levkov，Metzeltin and Pavlov 2013，p. 187，pl. 11，figs. 7-9；pl. 24，figs. 1-22.

形态特征：壳面菱形披针形，末端窄圆形；长 15 ~ 20 μm，宽 5 ~ 7. 5 μm；中轴区窄，线形；中央区不对称，具单个孤点；壳缝直或轻微弯曲，近壳缝末端弯向与孤点相反的一侧，远壳缝末端与近壳缝末端弯曲方向一致；线纹在壳面中部轻微辐射状，在壳面末端强烈辐射状，线纹 10 μm 内 23~24 条。

生境：水草附着，底栖。

分布：国内分布于山西、江西、四川、江苏、安徽，上海，国外分布于德国。

（88）*Luticola* sp.　图版 16：19–20

形态特征：壳面线形披针形，末端圆形；长 18~21 μm，宽 7~8 μm；中轴区窄线形，在壳面中部加宽形成长椭圆形的中央区；近壳面边缘具 1 个孤点；壳缝直，丝状，近壳缝末端弯向孤点相反的一侧，远壳缝末端弯曲方向与近壳缝末端弯曲方向一致；线纹辐射状排列，10 μm 处有 17 条。

生境：底栖。

分布：国内分布于山西。

（89）偏肿泥生藻 *Luticola ventriconfusa* Lange–Bertalot，2003　图版 16：15–18

鉴定文献：Lange–Bertalot et al. 2003，p. 72，pl. 73，figs. 12–20；Levkov，Metzeltin and Pavlov 2013，p. 251，pl. 123，figs. 12–33；pl. 124，figs. 1–37；Lange–Bertalot，Hofmann，Werum et al. 2017，p. 359，pl. 46，figs. 49，50；Metzeltin，Lange–Bertalot and Nergui 2009，p. 246，pl. 57，fig. 18；李家英和齐雨藻 2018，p. 54，pl. XXII，fig. 10；pl. XXX，figs. 1–3.

形态特征：壳面线形，具头状末端；长 15~20 μm，宽 5 μm；中轴区窄线形，中央区矩形；孤点靠近壳面中心；壳缝直，丝状；近壳缝末端和远壳缝末端弯向与孤点位置相反的方向；线纹粗点状，辐射排列，线纹 10 μm 内 22~24 条。

生境：水草附着，底栖。

分布：国内分布于山西、河南、安徽、江苏、江西，上海；国外分布于俄罗斯、德国、法国。

双肋藻科 Amphipleuraceae Grunow，1862

肋缝藻属 *Frustulia* Rabenhorst，1835

（90）普生肋缝藻 *Frustulia vulgaris*（Thwaites）De Toni，1891 图版 16：11-14

鉴定文献：De Toni 1891，p. 280；Lange-Bertalot 2001，p. 175，pl. 134，1-7；Lange-Bertalot，Hofmann，Werum et al. 2017，p. 284，pl. 62，figs. 3-7；李家英和齐雨藻 2010，p. 30，pl，Ⅳ，fig. 6；pl. ⅩⅩⅦ，fig. 7.

Schizonema vulgare Thwaites，1848，p. 170，pl. Ⅻ，figs. H，1-5

Colletonema vulgare（Thwaites）W. Smith，1856，p. 70，pl. 56，fig. 351

Navicula vulgaris（Thwaites）Heiberg，1863，p. 83

Vanheurckia vulgaris（Thwaites）Van Heurck，1885，p. 112

Brebissonia vulgaris（Thwaites）Kuntze，1898，p. 398

形态特征：壳面线性披针长菱形，喙状圆形末端；中轴区窄，中央节圆形；长 52~54 μm，宽 10 μm；壳缝略偏心，近壳缝末端分支距离较远；壳面横纵向线纹交叉明显；线纹在壳面中央辐射，在末端轻微或强烈地聚集，围绕末端环状排列，线纹 10 μm 内 30~32 条。

生境：水草附着，底栖，浮游。

分布：国内分布于黑龙江、陕西、辽宁、吉林、宁夏、西藏、四川、贵州、河北、山东、湖南；国外分布于俄罗斯、法国、加拿大、古巴、阿根廷、刚果、伊朗、印度、泰国、日本、澳大利亚，夏威夷群岛和亚速尔群岛。

双肋藻属 *Amphipleura* Kützing，1844

（91）明晰双肋藻 *Amphipleura pellucida* Kützing，1844 图版 16：32-36

鉴定文献：Kützing 1844，p. 103，pl. 3，fig. 52；pl. 30，fig. 84；Krammer and Lange - Bertalot 1986，p. 263，pl. 98，figs. 4 - 6；Lange - Bertalot，Hofmann，Werum et al. 2017，p. 97，pl. 68，figs. 27-29；李家英和齐雨藻

2010, p. 22, pl. Ⅲ, fig. 4; 朱蕙忠和陈嘉佑 2000, p. 125, pl. 11, fig. 2.

Frustulia pellucida Kützing, 1834, p. 543, pl. 13, fig. 11

Navicula pellucida (Kützing) Ehrenberg, 1838, p. 176, pl. 13, fig. 3

Aulacocystis pellucida (Kützing) Hassall, 1845, p. 437, pl. 102, fig. 8

Carrodorus pellucida (Kützing) Kuntze, 1898, p. 400

Berkeleya pellucida (Kützing) Giffen, 1970, p. 89

形态特征：壳面线形披针形，末端钝圆；长 95~120 μm，宽 10 μm；壳缝短，位于叉状的两条肋纹之间；线纹极细，在光学显微镜下很难观察到。

生境：底栖，水草附着。

分布：国内分布于山西、陕西、吉林、内蒙古、西藏、新疆、贵州、河南、湖南；国外分布于冰岛、阿尔巴尼亚、法国、加拿大、阿根廷、伊拉克、印度、俄罗斯、新西兰，阿拉斯加，非洲也有分布。

短纹藻科 Brachysiraceae D. G. Mann, 1990

短纹藻属 *Brachysira* kutzing, 1836

(92) 窄短纹藻 *Brachysira angusta* Lange-Bertalot & Gerd Moser, 1994

图版 17：8-13

鉴定文献：Lange-Bertalot and Moser 1994, p. 12, pl. 27, figs. 1-8; pl. 28, figs. 6, 7.

Anomoeoneis neocaledonica var. *angusta* R. Maillard, nom. inval. 1979, p. 153, pl. Ⅱ, fig. 5

Brachysira neocaledonica var. *angusta* Le Cohu, 1985, p. 4

形态特征：壳面线形椭圆形，末端延伸；长 25 μm，宽 5 μm；中轴区窄，中央区小椭圆形；壳缝直，丝状，近壳面末端具明显的膨大，远壳缝末端不清楚；线纹细密，在光学显微镜下不可见。

生境：底栖，水草附着。

分布：国内分布于山西、海南、江西、黑龙江、云南、广西、西藏、四川、山东、贵州、广东；国外分布于法国和德国。

（93）近瘦短纹藻 *Brachysira neoexilis* Lange-Bertalot，1994 图版 17：1-7

鉴定文献：Lange-Bertalot and Moser 1994，p. 51，pl. 5，figs. 1-35；pl. 6，figs. 1-6；pl. 17，figs. 7-11；pl. 32，figs. 27-30；pl. 46，figs. 19-27；Lange-Bertalot，Hofmann，Werum et al. 2017，p. 116，pl. 60，figs. 7-11；Metzeltin，Lange-Bertalot and Nergui 2009，p. 316，pl. 92，figs 3-10；林雪如等 2018，p. 643，pl. I，fig. 23.

形态特征：壳面宽椭圆披针形，具头状末端；长 25~27 μm，宽 6 μm；中轴区窄，中央区小，椭圆形；壳缝直，丝状，近壳缝末端轻微膨大，远壳缝末端在光学显微镜下不明显；线纹单列，辐射状。

生境：底栖，水草附着。

分布：国内分布于山西、海南、青海、西藏、吉林、云南、新疆、四川；国外分布于德国、西班牙、美国、巴西、俄罗斯、新西兰。

（94）*Brachysira* sp. 图版 17：14-24

形态特征：壳面线形披针形，末端钝圆；长 23~30 μm，宽 5 μm；中轴区窄，线形，中央区圆形，占壳面的 2/3~3/4；壳缝直，丝状，近壳缝末端轻微膨大，远壳缝末端不清楚；线纹细密。

生境：底栖，水草附着。

分布：国内分布于山西。

长篦藻科 Neidiaceae Merechkowky，1903

长篦藻属 *Neidium* Pfitzer，1871

（95）细纹长篦藻 *Neidium affine*（Ehrenberg）Pfitzer，1871 图版 17：29-31

鉴定文献：Pfitzer 1871，p. 39；Lange-Bertalot，Hofmann，Werum et al. 2017，p. 420，pl. 55，figs. 6-10；Metzeltin，Lange-Bertalot and Nergui 2009，p. 326，pl. 97，figs. 10-14；朱蕙忠和陈嘉佑 2000，p. 132，pl. 13，fig. 7.

Navicula affinis Ehrenberg，1843，p. 417，pl. 2（2），fig. 7；pl. 2（5），fig. 4

Navicula iridis var. *affinis*（Ehrenberg）O'Meara，1875，p. 367

Schizonema affine（Ehrenberg）Kuntze，1898，p. 551

形态特征：壳面线形披针形，末端钝圆喙状；长 55～73 μm，宽 10～15 μm；每个壳面具两个纵向管；中轴区窄线形，中央区横向椭圆形；壳缝线形，近壳缝末端弯向相反的方向，远壳缝末端呈“Y”状；在光学显微镜下可见明显的点纹，线纹平行排列，10 μm 内 20～22 条。

生境：底栖，水草附着。

分布：国内分布于山西、黑龙江、新疆、西藏、贵州、湖南；国外分布于冰岛、英国、古巴、阿根廷、刚果、伊拉克、印度、泰国、俄罗斯、日本、澳大利亚，阿拉斯加。

（96）楔形长篦藻 *Neidium cuneatiforme* Levkov，2007 图版 18：1-8

鉴定文献：Levkov，Krstic，Metzeltin et al. 2007，p. 106，pl. 114，figs. 1-9；Metzeltin，Lange-Bertalot and Nergui 2009，p. 332，pl. 100，figs. 16-22；Lange-Bertalot，Hofmann，Werum et al. 2017，p. 423，pl. 54，figs. 20-21.

形态特征：壳面线形到线形披针形，壳面边缘轻微凸起，壳面末端楔形；长 37～45 μm，宽 11～13 μm；壳缝线形，近壳缝末端直，远壳缝端呈“Y”状；壳面边缘具两个纵向管；线纹轻微辐射状，10 μm 内 18～22 条。

生境：底栖，水草附着。

分布：国内分布于山西、江西、安徽、江苏，上海；国外分布于法国、德国、蒙古。

（97）青藏长篦藻 *Neidium tibetianum* Q. Liu，Q. X. Wang & Kociolek，2017 图版 17：25-28

鉴定文献：Liu，Wang and Kociolek 2017，p. 20，figs. 188-193，199-203.

形态特征：壳面线形到线形披针形，末端圆形；长 43～73 μm，宽 10～13 μm；中轴区线形，在壳面中央加宽形成椭圆形的中央区；壳缝丝状，近壳缝末端短且弯向相反的方向，远壳缝末端呈“Y”状；线纹单列，点纹明显，线纹在 10 μm 内 16~18 条。

生境：底栖。

分布：国内分布于山西、四川。

长篦形藻属 *Neidipmorpha* Lange-Bertalot & Cantonati，2010

（98）似双结长篦形藻 *Neidiomorpha binodiformis*（Krammer）Cantonati，Lange-Bertalot & N. Angeli，2010 图版 18：9-10

鉴定文献：Cantonati，Lange-Bertalot and Angeli 2010，p. 200；Metzeltin，Lange-Bertalot and Nergui 2009，p. 332，pl. 100，figs. 16-22；Lange-Bertalot，Hofmann，Werum et al. 2017，p. 418，pl. 54，figs. 1-3；李家英和齐雨藻 2018，p. 59，pl. XXXI，figs. 1-10.

Neidium binodiforme Krammer，1985，p. 102，pl. 5，figs. 14，15；pl. 43

形态特征：壳面线形椭圆形，中央边缘缢缩，末端喙状；长 23~27 μm，宽 5~6 μm；中央区不对称圆形，中轴区窄线形；壳缝直或轻微弯曲；在壳面边缘具有一条狭窄的纵向管；线纹单列，在壳面中央平行，末端呈辐射状，10 μm 内 25~28 条。

生境：底栖，水草附着。

分布：国内分布于山西、四川；国外分布于法国、加拿大、伊朗、蒙古。

鞍形藻科 Sellaphoraceae Mereschkowky，1902

鞍形藻属 *Sellaphora* Mereschkowsky，1902

（99）杆状鞍形藻 *Sellaphora bacillum*（Ehrenberg）D. G. Mann，2018 图版 18：11-13

鉴定文献：Mann 2018，p. 210，pl. 115，figs. 1-9；pl. 121，figs. 1-3；Metzeltin，Lange-Bertalot and Nergui 2009，p. 85；Lange-Bertalot et al. 2017，p. 543，pl. 42，figs. 15-20；李家英和齐雨藻 2018，p. 82，pl. IX， fig. 5；pl. XXXV，figs. 4−8.

Navicula bacillum Ehrenberg，1839，p. 130

形态特征：壳面椭圆形或线椭圆形，末端宽圆形；长 14~17 μm，宽 5 μm；轴区窄；壳缝近壳缝端微膨大并偏向远壳缝端相反的一侧；线纹在中部辐射排列，在末端近平行，线纹 10 μm 内 24~25 条。

生境：底栖，水草附着。

分布：国内分布于山西、黑龙江、辽宁、吉林、内蒙古、西藏、云南、四川、贵州、湖南、福建、广东、广西、海南；国外分布于法国、美国、巴西、苏丹、刚果、伊拉克、印度、俄罗斯、澳大利亚，亚速尔群岛。

（100）蒙古鞍形藻 *Sellaphora mongolocollegarum* Metzeltin & Lange-Bertalot，2009　图版 18：27−31

鉴定文献：Metzeltin and Lange-Bertalot 2009，p. 95，pl. 59，figs. 1−7；李家英和齐雨藻 2018，p. 89，pl. XXXVII，figs. 12−14.

形态特征：壳面线性椭圆形，末端宽圆形；长 29~60 μm，宽 9~10 μm；中轴区线形，中央区椭圆形；线纹放射状，线纹 10 μm 内 22~26 条。

生境：底栖，水草附着。

分布：国内分布于山西；国外分布于蒙古。

（101）亚头状鞍形藻 *Sellaphora perobesa* Metzeltin，Lange-Bertalot & Soninkhishig，2019　图版 18：14−17

鉴定文献：Metzeltin，Lange-Bertalot and Soninkhishig 2009，p. 98，pl. 61，figs. 1−7.

形态特征：壳面椭圆形至椭圆披针形，末端亚头状；长 18~21 μm，宽 8~9 μm；中央区蝴蝶结形；壳缝直；线纹放射状，10 μm 内 22~24 条。

生境：底栖。

分布：国内分布于山西、四川、云南、安徽、江西、江苏，上海；国外分布于蒙古。

（102）瞳孔鞍形藻 *Sellaphora pupula*（Kützing）Mereschkovsky，1902 图版 18：23-26

鉴定文献：Mereschkovsky 1902，p. 187，pl. 4，figs. 1 - 5；Metzeltin，Lange-Bertalot and Nergui 2009，p. 102；Bahls，Boynton and Johnston 2018，p. 41，pl. 4，fig. 1；李家英和齐雨藻 2018，p. 91，pl. Ⅸ，figs. 13 - 16；pl. XXXⅧ，fig. 7.

Navicula pupula Kützing，1844，p. 93，pl. 30，fig. 40

Schizonema pupula（Kützing）Kuntze，1898，p. 554

形态特征：壳面线形，末端近头状，中部略有膨大；长 16~28 μm，宽 6~7 μm，中轴区窄，中央区横向矩形或蝴蝶结形；壳缝直，近壳缝端和远壳缝端弯向壳面的同一侧；线纹 10 μm 内 18~20 条。

分布：国内分布于山西、黑龙江、吉林、辽宁、西藏、贵州、湖南、江西、福建，北京；国外分布于英国、加拿大、美国、阿根廷、苏丹、埃及、印度、新加坡、俄罗斯、澳大利亚，北极，亚速尔群岛和夏威夷群岛。

（103）施特罗母鞍形藻 *Sellaphora stroemii*（Hustedt）H. Kobayasi 图版 18：18-22

鉴定文献：Mayama，Idei，Osada et al. 2002，p. 90；Metzeltin，Lange-Bertalot and Nergui 2009，p. 90；Lange-Bertalot et al. 2017，p. 554，pl. 43，figs. 17-21.

Navicula stroemii Hustedt，1931，p. 544，fig. 3

形态特征：壳面线性至线性椭圆形，中部略有膨大，末端宽圆形至略微头状；长 13~21 μm，宽 3~5 μm；中轴区线性，中央区小而圆；线纹轻微辐射状，线纹 10 μm 内 23~26 条。

生境：底栖，浮游，水草附着。

分布：国内分布于山西、西藏、吉林、云南、贵州、广东；国外分布于德国、西班牙、墨西哥、伊朗、新西兰、哥伦比亚。

羽纹藻科 Pinnulariaceae D. G. Mann，1990

羽纹藻属 *Pinnularia* Ehrenberg，1843

（104）分歧羽纹藻菱形变种 *Pinnularia divergens* var. *rhombundulata* Krammer，2000 图版 18：32-35

鉴定文献：Krammer 2000，p. 63，215，pl. 39，figs. 4，5.

形态特征：壳面中部膨胀到圆形末端逐渐变细；长 90～95 μm，宽 15～18 μm；中轴区线性披针形，中央区菱形；近壳缝端略膨大，远壳缝端向同一侧偏转呈钩状；线纹在壳面中央呈放射状，在顶端附近汇聚，10 μm 内 10～12 条。

生境：底栖。

分布：国内分布于山西、四川、黑龙江；国外分布于塔斯马尼亚岛。

（105）较大羽纹藻 *Pinnularia major*（Kützing）Rabenhorst，1853 图版 19：1-2

鉴定文献：Rabenhorst 1853，p. 42，pl. 6，fig. 5；李家英和齐雨藻 2018，p. 74，pl. XIV，figs. 7，8；pl. XXXI，fig. 8；pl. XXXV，fig. 2.

Frustulia major Kützing，1834，p. 547，pl. XIV，fig. 25

Navicula major（Kützing）Ehrenberg，1838，p. 177

Schizonema majus（Kützing）Kuntze，1898，p. 553

形态特征：壳面线形，在中央和末端轻微膨大，末端圆形至宽圆形；长 62～265 μm，宽 16～30 μm；轴区线形；壳面线纹在中部辐射状排列，在末端聚集状排列，肋纹在 10 μm 内有 6～10 条。

分布：国内分布于山西、内蒙古、西藏、四川、云南、贵州、湖南、福建，北京；国外分布于冰岛、英国、加拿大、古巴、阿根廷、博茨瓦纳、伊拉克、印度、俄罗斯、澳大利亚，夏威夷群岛。

双壁藻科 Diploneidineae D. G. Mann，1990

双壁藻属 *Diploneis*（Enhrenberg）Cleve，1894

（106）喜钙双壁藻 *Diploneis calcilacustris* Lange-Bertalot & Fuhrmann，

2016 图版 21：24–26

鉴定文献：Lange–Bertalot and Fuhrmann 2016，p. 160，figs. 8–24，109–111；Jovanovska and Levkov 2020，p. 527–689，691–699；Lange–Bertalot et al. 2017，p. 191，pl. 67，figs. 1–6.

形态特征：壳面卵圆形，末端圆楔形；长 22～35 μm，宽 10～25 μm；中轴区狭窄，中央区小椭圆形，占壳面的 1/4～1/5 宽，中央区没有其他纹饰；壳缝丝状，近壳缝端明显膨大，壳缝两侧各有一条明显的纵管；线纹明显呈放射状，线纹 10 μm 内 11～13 条。

生境：水草附着，底栖。

分布：国内分布于山西；国外分布于德国。

（107）微小双壁藻 *Diploneis minuta* J. B. Petersen，1928 图版 21：13–17

鉴定文献：Petersen 1928，p. 381，fig. 6；Metzeltin，Lange–Bertalot and Nergui 2009，p. 350，pl. 109，fig. 10；Krammer and Lange–Bertalot 1986，p. 292，pl. 110，figs. 6–8；Lange–Bertalot et al. 2017，p. 195，pl. 68，figs. 18–23.

形态特征：壳面线性椭圆形，末端钝圆；长 16～25 μm，宽 5 μm；中轴区几乎完全被壳缝占据，中央区很小并且几乎没有膨胀；壳缝两边各有一条纵管，纵管笔直并且在整个壳面上几乎平行；线纹平行，在壳面两端略呈放射状，线纹 10 μm 内 26～29 条。

生境：底栖，水草附着。

分布：国内分布于山西、黑龙江、青海、江西、新疆、云南、贵州、四川、山东、吉林、安徽、广东、福建、湖南，上海；国外分布于冰岛、奥地利、德国、墨西哥、蒙古，阿拉斯加，斯瓦尔巴群岛。

（108）小圆盾双壁藻 *Diploneis parma* Cleve，1891 图版 21：1–6

鉴定文献：Cleve 1891，p. 43，pl. 2，fig. 10；Metzeltin，Lange–Bertalot and Nergui 2009，p. 350，pl. 109，figs. 1–9；Lange–Bertalot et al. 2017，p. 193，pl. 66，figs. 6–7；李家英和齐雨藻 2010，p. 102，pl. XVI，fig. 6.

Schizonema parma（Cleve）Kuntze，1898，p. 554

形态特征：壳面宽椭圆形，有时弱菱形椭圆形，末端钝圆形；长 22～39 μm，宽 12～20 μm；中轴区披针形，中央区较大，椭圆形至宽椭圆形；壳缝逐渐向中央区扩展，近壳缝端膨大，远壳缝端在光学显微镜下较模糊；线纹呈放射状，在壳面中部有两条纵管，线纹 10 μm 内有 11～14 条。

生境：底栖，水草附着。

分布：国内分布于辽宁、新疆、山西；国外分布于英国、加拿大、伊朗、俄罗斯、新西兰。

（109）彼得森双壁藻 *Diploneis petersenii* Hustedt，1937 图版 21：7–12

鉴定文献：Hustedt 1937，p. 676，fig. 1068 f–h；Metzeltin，Lange-Bertalot and Nergui 2009，p. 224，pl. 46，figs. 20–23；p. 346，pl. 107，fig. 10；Lange-Bertalot et al. 2017，p. 197，pl. 68，figs. 12–16.

Diploneis minuta var. *petersenii*（Hustedt）A. Cleve，1953，p. 67，fig. 616 b，c（as“minuta［beta］peterseni”）

形态特征：壳面椭圆披针形，中部膨大；长 13～21 μm，宽 5～7 μm；中轴区狭窄，中央区很小并且几乎没有膨胀；纵管呈明显的披针形，占壳面中央宽度的 1/3～1/2，向壳面顶端变窄；线纹放射状排列，线纹 10 μm 内 22～24 条。

生境：底栖，浮游，水草附着。

分布：国内分布于山西、四川、贵州、云南；国外分布于冰岛、德国、美国、墨西哥、苏丹、蒙古、俄罗斯，斯瓦尔巴群岛。

（110）*Diploneis* sp. 图版 21：18–23

形态特征：壳面椭圆形，末端钝圆；长 12～20 μm，宽 5～7 μm；中轴区狭窄，中央区很小并且几乎没有膨胀；壳缝笔直丝状，壳缝两边各有一条纵管，纵管笔直并且在整个壳面上几乎平行；线纹平行，在壳面两端略呈放射状，线纹 10 μm 内 22～24 条。

生境：底栖。

分布：国内分布于山西。

舟形藻科 Naviculaceae Kützing，1844

美壁藻属 *Caloneis* Cleve，1894

（111）杆状美壁藻 *Caloneis bacillum*（Grunow）Cleve，1894 图版 20：9-11

鉴定文献：Cleve 1894，p. 99；Metzeltin，Lange-Bertalot and Nergui 2009，p. 498，pl. 183，figs. 15-24；Lange-Bertalot et al. 2017，p. 123，pl. 69，fig. 28；李家英和齐雨藻 2010，p. 53，pl. Ⅻ，fig. 6；pl. XXXⅢ，fig. 3.

Stauroneis bacillum Grunow，1863，p. 155，pl. 13，fig. 16

形态特征：壳面呈线性椭圆形，末端钝圆；长 15~23 μm，宽 4 μm；中轴区线性披针形，中央区呈宽阔的矩形且通常是不对称的；壳缝笔直，近壳缝端略微膨大，远壳缝端向同一侧偏转；线纹略微放射状，线纹 10 μm 内 24~26 条。

生境：底栖，水草附着，浮游。

分布：国内分布于山西、黑龙江、吉林、内蒙古、西藏、四川、贵州、河北、山东、河南、湖南、江西、浙江、香港、台湾，北京；国外分布于冰岛、德国、美国、古巴、阿根廷、博茨瓦纳、伊拉克、孟加拉国、泰国、澳大利亚，斯瓦尔巴群岛和夏威夷群岛。

（112）镰形美壁藻 *Caloneis falcifera* Lange-Bertalot，Genkal & Vekhov，2004 图版 20：3-6

鉴定文献：Lange-Bertalot，Genkal and Vekhov 2004，p. 12，fig. 1；Bahls，Boynton and Johnston 2018，p. 107，pl. 70，figs. 1-2；Bahls and Luna 2018，p. 47，pl. 7，figs. 9-10；倪依晨等 2013，p. 450，pl. Ⅱ，fig. 22.

形态特征：壳面线性椭圆形，两端钝圆；长 35~44 μm，宽 6~8 μm；中轴区狭窄，中央区为宽矩形；壳缝丝状，近壳缝端膨大成水滴形，远壳缝端向同一侧偏转呈钩状；线纹平行，在壳面末端略微放射状，线纹 10 μm 内 14~21 条。

生境：附着。

分布：国内分布于山西、海南、青海、黑龙江、四川、西藏、江苏、江西、云南、安徽，上海；国外分布于蒙古，阿拉斯加，埃尔斯米尔岛。

（113）棘突美壁藻 *Caloneis laticingulata* Metzeltin，Lange－Bertalot & García-Rodríguez，2005 图版 20：7-8

鉴定文献：Metzeltin，Lange－Bertalot and García－Rodríguez 2005，p. 736，pl. 156，figs. 1-8.

形态特征：壳面线性披针形，壳面边缘在中央略微凸出，末端呈楔圆形；长 22~27 μm，宽 4 μm；中轴区面积适中，在中央区形成一个宽阔的中部带；壳缝略微侧向，近壳缝端膨大；线纹在中央区附近平行逐渐向末端放射，线纹 10 μm 内 20~22 条。

生境：底栖，水草附着。

分布：国内分布于山西；国外分布于乌拉圭。

（114）磨石形美壁藻 *Caloneis molaris*（Grunow）Krammer，1985 图版 20：25-28

鉴定文献：Krammer and Lange－Bertalot 1985，p. 18，pl. 10，fig. 9；Krammer and Lange-Bertalot 1986，p. 394，pl. 174，figs. 16-21；Bahls 2006，p. 57.

Navicula molaris Grunow，1863，p. 149，pl. 13，fig. 26a

Pinnularia molaris（Grunow）Cleve，1895，p. 74

Schizonema molare（Grunow）Kuntze，1898，p. 554

形态特征：壳面线性披针形，两侧稍凸，末端宽头形；长 25~40 μm，宽 6~8 μm；中轴区变化很大，从窄线形到宽披针形，向中间不断加宽，中央区有不同形状和宽度的中部带，通常为矩形或宽领结形；壳缝明显向侧面弯曲，近壳缝端膨大，远壳缝端呈钩状或问号形；线纹在壳面中部平行，在末端汇聚，线纹 10 μm 内 18~23 条。

生境：底栖，水草附着。

分布：国内分布于山西、青海、海南、黑龙江、江西、新疆、山东、贵州、陕西、浙江；国外分布于冰岛、德国、墨西哥、古巴、土耳其、印度、蒙古、俄罗斯、新西兰，亚速尔群岛。

（115）奥地欧莎美壁藻 *Caloneis odiosa*（Manguin ex Kociolek & Reviers）Gerd Moser，1998 图版 20：1-2

鉴定文献：Moser，Lange-Bertalot and Metzeltin 1998，p. 26，pl. 1，figs. 20-23.

形态特征：壳面线性至线性披针形，顶端呈圆形，壳面边缘平行或略微凸出；长 36~52 μm，宽 7~9 μm；中轴区窄线形，在壳面中部扩展形成宽阔的矩形中央区；壳缝笔直且呈丝状，近壳缝端膨胀；线纹平行，在壳面两端略微放射状，线纹 10 μm 内 14~21 条。

生境：附着，底栖。

分布：国内分布于山西；国外分布于法国。

（116）短角美壁藻 *Caloneis silicula*（Ehrenberg）Cleve，1894 图版 20：12-19

鉴定文献：Cleve 1894，p. 51；Metzeltin，Lange-Bertalot and Nergui 2009，p. 494，pl. 181，figs. 1-12；p. 496，pl. 182，figs. 1-8；Lange-Bertalot et al. 2017，p. 125，pl. 70，figs. 1-4；李家英和齐雨藻 2010，p. 61，pl. Ⅸ，fig. 4；pl. XXXIV，fig. 7.

Navicula silicula Ehrenberg，1843，p. 419

形态特征：壳面线性，中部和两端膨大，壳面边缘轻微三波曲状，附近有一条细纵线；长 47~55 μm，宽 10~11 μm；中轴区狭窄，在壳面中部扩展形成宽阔的横向中部带；壳缝侧向并略微隆起，近壳缝端略膨大，远壳缝端偏转呈钩状；线纹趋近于平行，线纹 10 μm 内 16~18 条。

生境：底栖，水草附着。

分布：国内分布于山西、内蒙古、陕西、辽宁、新疆、宁夏、西藏、贵州、湖南、福建，北京、天津；国外分布于英国、苏丹、埃及、伊拉克、孟加拉国、俄罗斯、澳大利亚，阿拉斯加，亚速尔群岛。

（117）*Caloneis* sp. 图版20：20–24

形态特征：壳面呈线性椭圆形，末端钝圆；长34～38 μm，宽8～10 μm；中轴区线性披针形，中央区呈宽阔的矩形；壳缝侧向，近壳缝端略微膨大，远壳缝端向同一侧偏转；线纹在中央区附近平行，逐渐向两端放射，线纹10 μm内18～26条。

生境：底栖，水草附着。

分布：国内分布于山西。

舟形藻属 *Navicula* Bory de Saint-Vincent，1822

（118）安氏舟形藻 *Navicula antonii* Lange-Bertalot，2000 图版23：1–5

鉴定文献：Lange-Bertalot and Rumrich 2000，p. 155；Bahls，Boynton and Johnston 2018，p. 48，pl. Ⅱ，fig. 15；Metzeltin and García-Rodríguez 2012，p. 98，pl. 26，figs. 7，8；Lange-Bertalot et al. 2017，p. 383，pl. 33，figs. 11–15；倪依晨等2013，p. 451，pl. I，figs. 2，13–15.

形态特征：壳面披针形，末端圆楔形；长20～23 μm，宽7 μm；中轴区狭窄且呈线性，中央区相对较小，呈椭圆形且略不对称；壳缝丝状笔直，近壳缝端膨大，远壳缝端向同一侧偏转；线纹在壳面中部附近呈放射状弯曲，在壳面顶端处汇聚，线纹10 μm内12～14条。

生境：底栖，水草附着。

分布：国内分布于山西、黑龙江、甘肃、江西、山东、广东、西藏、青海；国外分布于德国、西班牙、美国、伊朗、印度、俄罗斯、乌拉圭。

（119）辐头舟形藻 *Navicula capitatoradiata* Gasse，1986 图版21：55–56

鉴定文献：Gasse 1986，p. 86，pl. 19，figs. 8–9；Metzeltin，Lange-Bertalot and Nergui 2009，p. 210，pl. 39，figs. 1–17；Lange-Bertalot et al. 2017，p. 383，pl. 37，figs. 28–34；李家英和齐雨藻2018，p. 153，pl. XⅧ，fig. 12；pl. XLⅦ，figs. 6–9.

形态特征：壳面披针形至椭圆披针形，末端向外凸出，呈长喙状；壳面长 37~45 μm，宽 7~10 μm；中轴区狭窄，中央区小，形状不规则；壳缝丝状笔直，近壳缝端不偏斜，中央孔明显膨大；线纹辐射状排列，在末端呈聚集状排列，围绕中央区的线纹长短相间排列，线纹 10 μm 内 9~12 条。

生境：水草附着，底栖。

分布：国内分布于山西、西藏、湖南；国外分布于德国、法国、美国、古巴、巴西、南非、伊朗、印度、俄罗斯、新西兰，夏威夷群岛和亚速尔群岛。

（120）隐头舟形藻 *Navicula cryptocephala* Kützing，1844 图版 22：6−10

鉴定文献：Kützing 1844，p. 95，pl. 3，figs. 20，26；Bahls，Boynton and Johnston 2018，p. 86，pl. 49，fig. 3；p. 134，pl. 97，fig. 7；p. 165，pl. 128，figs. 3−5；Ector and Hlúbiková 2010，p. 76，pl. 48，figs. 31−44；李家英和齐雨藻 2018，p. 101，pl. Ⅻ，figs. 15，16；pl. XL，figs. 7−15，pl. XLⅥ，fig. 10.

Schizonema cryptocephalum（Kützing）Kuntze，1898，p. 552

形态特征：壳面披针形或窄披针形，末端逐渐变窄或微喙状，近头状或钝圆形；长 26~33 μm，宽 5~6 μm；中轴区窄线形，中央区较小，呈圆形至横向椭圆形，略不对称；壳缝丝状，近壳缝端略偏斜，近壳缝端膨大呈明显的水滴状；线纹辐射状排列，向末端微聚集排列，线纹 10 μm 内 14~16 条。

生境：水草附着。

分布：国内分布于山西、黑龙江、西藏、湖南，天津；国外分布广泛，为世界广布种。

（121）类隐柔弱舟形藻 *Navicula cryptotenelloides* Lange−Bertalot，1993 图版 21：42−46

鉴定文献：Lange − Bertalot 1993，p. 105，pl. 50，figs. 9 − 12；pl. 51，figs. 1，2；Metzeltin and García−Rodríguez 2012，p. 98，pl. 26，figs. 24−26.

形态特征：壳面线性披针形，末端圆润不前突；长 19 ~ 24 μm，宽

4~5 μm；中轴区线形，非常窄；壳缝丝状或在中央略微偏侧，近壳缝端明显且间距适中；线纹在壳面中部呈放射状排列，向末端逐渐汇聚，线纹10 μm内14~17条。

生境：水草附着，底栖。

分布：国内分布于山西、湖南、山东；国外分布于德国、西班牙、美国、土耳其、蒙古、俄罗斯、乌拉圭，亚速尔群岛。

（122）克莱默舟形藻 *Navicula krammerae* Lange-Bertalot，1996 图版22：16-20

鉴定文献：Lange-Bertalot and Metzeltin 1996，p. 79，pl. 80，figs. 3-8.

形态特征：壳面披针形，喙状顶端延长至略微圆钝；长35~43 μm，宽7 μm；中轴区狭窄，中央区小或横向扩张；壳缝为丝状，近壳缝端中央孔略膨大呈水滴状，彼此不接近也没有明显距离；线纹在中央区周围呈放射状，在顶点处平行几乎不汇聚，线纹10 μm内13~15条。

生境：底栖，浮游，水草附着。

分布：国内分布于山西、西藏；国外分布于德国、美国、印度、俄罗斯。

（123）荔波舟形藻 *Navicula libonensis* Schoeman，1970 图版21：34-41

鉴定文献：Schoeman 1970，p. 342，pl. 3，figs. 36，37；Bahls，Boynton and Johnston 2018，p. 48，pl. 11，fig. 35；Metzeltin，Lange-Bertalot and Nergui 2009，p. 64，pl. 37，figs. 17-27；pl. 42，fig. 3；倪依晨等 2013，p. 453，pl. Ⅲ，fig. 3.

形态特征：壳面呈披针形，末端呈圆形或略微向外延伸；长25~45 μm，宽5~9 μm；中轴区狭窄且呈线性，中央区呈横向椭圆形或不规则矩形，通常略不对称；壳缝线形，近壳缝端笔直，略微膨大，远壳缝端向次级侧偏转呈钩状；线纹呈放射状，在壳面顶端汇聚，线纹10 μm内13~16条。

生境：底栖，水草附着。

分布：国内分布于山西、四川、黑龙江、西藏、甘肃、福建、吉林，上海；国外分布于德国、美国、土耳其、蒙古、俄罗斯、新西兰，阿拉斯加，亚速尔群岛。

（124）隆德舟形藻 *Navicula lundii* E. Reichardt，1985 图版 21：27–31

鉴定文献：Reichardt 1985，p. 180，pl. 1，figs. 29 – 33；pl. 3，fig. 14；Bahls，Boynton and Johnston 2018，p. 48，pl. 11，fig. 11.

形态特征：壳面披针形，较小的壳面边缘凸起，较大的壳面通常仅在中间部分略微凸出或几乎笔直，壳面末端通常是楔形的，很少或几乎不明显地略微延伸；长 18~25 μm，宽 5~6 μm；中央区为小圆形至横向矩形，约为壳面宽度的一半；线纹在壳面中部呈放射状且明显弯曲，朝向顶端变得平行并轻微汇聚，线纹 10 μm 内 14~16 条。

生境：底栖，水草附着。

分布：国内分布于山西、福建、江西、贵州、云南；国外分布于德国、美国、印度、韩国。

（125）极长圆舟形藻 *Navicula peroblonga* Metzeltin，Lange–Bertalot & Soninkhishig，2009 图版 19：3–5

鉴定文献：Metzeltin，Lange – Bertalot and Soninkhishig 2009，p. 64，pl. 33，figs. 1 – 7；pl. 258，figs. 1 – 3；倪依晨等 2013，p. 450，pl. Ⅰ，figs. 4，12.

形态特征：壳面线性椭圆形，末端不延长，宽圆形；长 80 ~ 120 μm，宽 14 ~ 15 μm；中轴区披针形，并延伸到中心区域形成椭圆形的中央区；壳缝丝状，近壳缝端略偏斜，远壳缝端向同一侧偏转，形成一个螺旋舌，后面有一个枕头状的增厚区域；线纹在壳面上放射状排列，并且明显弯曲，线纹 10 μm 内有 7~9 条。

生境：底栖。

分布：国内分布于山西、四川、山东；国外分布于蒙古、俄罗斯。

（126）假放射舟形藻 *Navicula radiosafallax* Lange–Bertalot，1993 图版

21：47-53

鉴定文献：Lange-Bertalot 1993, p. 131, pl. 52, figs. 1-3；李家英和齐雨藻 2018, p. 136, pl. XLVI, fig. 2.

形态特征：壳面线性披针形或狭长披针形，末端尖圆形；长 35~50 μm，宽 7~8 μm；中轴区狭窄，向壳面中部扩展形成披针形中央区；壳缝直线形，近壳缝端明显膨大，远壳缝端向同一侧偏转；线纹在壳面中部放射状排列，向末端呈汇聚状排列，线纹 10 μm 内 13~15 条。

生境：底栖，水草附着。

分布：国内分布于山西、贵州、吉林、陕西；国外分布于法国、美国、科特迪瓦、土耳其、印度、新加坡、韩国，亚速尔群岛和夏威夷群岛。

（127）短喙形舟形藻 *Navicula rostellata* Kützing, 1844　图版 21：54

鉴定文献：Kützing 1844, p. 95, pl. 3, fig. 65；Lange-Bertalot et al. 2017, p. 404, pl. 38, figs. 10-14；李家英和齐雨藻 2018, p. 139, pl. XVI, fig. 10.

Navicula rhynchocephala var. *rostellata*（Kützing）Cleve & Grunow 1880, p. 33

Navicula viridula var. *rostellata*（Kützing）Cleve, 1895, p. 15

形态特征：壳面线形、披针形至较窄的披针形，两端延长明显收缩，末端尖圆形或略微钝圆形；长 37~45 μm，宽 7~10 μm；中轴区窄，中央区扩大呈圆形至横向不规则的矩形，常呈现强烈的不对称，壳缝偏向中部带一侧增厚；壳缝呈直线形，近壳缝端向一侧偏斜，中央孔膨大呈豆瓣状，远壳缝端弯钩状；线纹较强烈辐射状排列，向两端明显聚集状排列，线纹 10 μm 内 9~12 条。

生境：水草附着，底栖。

分布：国内分布于山西、黑龙江、西藏、贵州、湖南、台湾；国外分布于英国、美国、南非、印度、伊拉克、日本、俄罗斯、澳大利亚，亚速尔群岛。

（128）三角舟形藻 *Navicula trilatera* Bahls，2013 图版 21：32-33

鉴定文献：Bahls 2013，p. 20，figs. 76-84；Bahls，Boynton and Johnston 2018，p. 86，pl. 49，figs. 4-8；吴维维等 2017，p. 614，pl. I，figs. 21-26.

形态特征：壳面线性披针形，顶端喙状；长 17~25 μm，宽 4~5 μm；中轴区非常狭窄，并扩大为一个中等大小的、不规则的、菱形至横向矩形的中央区；壳缝丝状，近壳缝端略微膨大，间距较宽，远壳缝端呈钩状或问号状，并向同一侧偏转；线纹在壳面中部呈放射状并向顶端汇聚，中央区线纹不规则缩短或缺失，线纹 10 μm 内 15~17 条。

生境：水草附着。

分布：国内分布于山西、西藏、青海；国外分布于美国、加拿大。

（129）三斑点舟形藻 *Navicula tripunctata*（O. F. Müller）Bory，1822 图版 22：21-28

鉴定文献：Bory et al. 1822，p. 128；Bahls，Boynton and Johnston 2018，p. 48，pl. 11，fig. 27；Metzeltin and García-Rodríguez 2012，p. 98，pl. 26，fig，20；李家英和齐雨藻 2018，p. 143，pl. XVII，figs. 5-6；pl. XLVI，figs. 3-9.

Vibrio tripunctatus O. F. Müller，1786，p. 52，pl. VII，figs. 2 a-b

形态特征：壳面线披针形至线形，末端楔状钝圆形；长 37~56 μm，宽 7~8 μm；中轴区很窄，中央区扩大几乎形成矩形，其宽度超越壳面宽度的一半，由于壳面每边出现 2~3 条不规则的短线纹而稍显不对称；壳缝丝状，直，近壳缝端不偏斜，中央孔不明显，远壳缝端略弯形；线纹微辐射状排列，逐渐平行至末端稍聚集状排列，每条线纹由短线纹组成，线纹 10 μm 内 9~11 条。

生境：底栖，水草附着，浮游。

分布：国内分布于山西、黑龙江、宁夏、湖南、贵州；国外分布于德国、法国、加拿大、美国、古巴、巴西、苏丹、伊朗、印度、新加坡、俄罗斯、澳大利亚，阿拉斯加，亚速尔群岛。

（130）平凡舟形藻 *Navicula trivialis* Lange-Bertalot，1980 图版 22：

1-5

鉴定文献：Lange-Bertalot 1980，p. 31，pl. 1，figs. 5-9；pl. 9，figs. 1，2；Bahls，Boynton and Johnston 2018，p. 164，pl. 127，fig. 7；Lange-Bertalot et al. 2017，p. 410，pl. 34，figs. 11-15；倪依晨等 2013，p. 453，pl. Ⅲ，fig. 2.

形态特征：壳面呈披针形，略呈喙状，两端呈圆形；长 30～34 μm，宽 7～9 μm；中轴区狭窄且呈线性，中央区呈椭圆形至略微不对称；壳缝丝状，壳缝分支的中央部分和近壳缝端向一侧偏转，远壳缝端向另一侧偏转呈问号状；线纹强烈放射状，在壳面顶端略微收敛，线纹 10 μm 内 12～14 条。

生境：底栖，水草附着。

分布：国内分布于山西、黑龙江、江西、甘肃、西藏、青海、山东、湖南、四川、云南、贵州、广东、新疆；国外分布于德国、英国、美国、加拿大、巴西、伊朗、印度、日本、俄罗斯、澳大利亚，亚速尔群岛。

（131）庄严舟形藻 *Navicula venerablis* Hohn & Hellerman，1963 图版 23：27-30

鉴定文献：Hohn and Hellerman 1963，p. 313，pl. 3，fig. 1；Bahls，Boynton and Johnston 2018，p. 134，pl. 97，fig. 13.

形态特征：壳面呈狭披针形，末端向外延伸呈槌头状；长 73～82 μm，宽 10～12 μm；中轴区狭窄，呈直线状，中央区为横向椭圆形；壳缝侧向，近乎笔直，但壳缝分支的近端部分非常轻微地向同一侧偏转，近壳缝端膨大；线纹在壳面中部呈强烈放射状和弯曲状，在顶点处汇聚，长短线纹有时在中央区周围交替出现，线纹 10 μm 内 11～13 条。

生境：底栖，水草附着。

分布：国内分布于山西、江西、新疆、吉林、广东；国外分布于德国、美国、俄罗斯。

（132）淡绿舟形藻 *Navicula viridula*（Kützing）Ehrenberg，1836 图版 22：11-15

鉴定文献：Ehrenberg 1836，p. 53；Lange-Bertalot et al. 2017，p. 413， pl. 38, figs. 1–4；李家英和齐雨藻 2018, p. 144, pl. XVII, figs. 7–9；pl. XLVII, figs. 1, 4, 5.

Frustulia viridula Kützing, 1833, p. 551, pl. 13, fig. 12

Pinnularia viridula（Ehrenberg）Ehrenberg, 1843, p. 386

Pinnularia viridula（Kützing）Rabenhorst, 1853, p. 43, 69, pl. 6, fig. 39

Schizonema viridulum（Kützing）Kuntze, nom. illeg, 1898, p. 555

形态特征：壳面为披针形至线状披针形，两端明显延长，末端为钝圆形；长 45~50 μm，宽 9~11 μm；中轴区狭窄而笔直，中央区通常不对称，扩大为大的圆形至横矩形，一边为梯形，另一边为半圆形；壳缝直线形，近壳缝端略微扩张并明显向壳面的一侧弯曲；线纹在壳面中部呈放射状，在顶点处汇聚，通常由短线条组成，线纹 10 μm 内 8~10 条。

生境：底栖，水草附着。

分布：国内分布于山西、黑龙江、西藏、贵州、湖南、福建；国外分布广泛，为世界广布种。

布纹藻属 *Gyrosigma* Hassall, 1845

（133）锉刀状布纹藻 *Gyrosigma scalproides*（Rabenhorst）Cleve, 1894

图版 23：31–33

鉴定文献：Cleve 1894, p. 118；Krammer and Lange-Bertalot 1986, p. 299, pl. 116, fig. 3；李家英和齐雨藻 2010, p. 41, pl. VI, fig. 8；pl. XXX, figs. 7–8.

Pleurosigma scalproides Rabenhorst, 1861, No. 1110

Gyrosigma spenceri var. *scalproides*（Rabenhorst）H. Peragallo, nom. inval. 1891, p. 23, pl. 8, fig. 31（as "spencerii"）

Scalptrum scalproides（Rabenhorst）Kuntze, 1891, p. 919

形态特征：壳面线形至舟形，从中部向两端很缓慢地渐渐变窄，微微弯曲略呈"S"形，末端狭圆形，通常近端处略有缢缩；长 53~97 μm，宽 9~16 μm；中轴区在中线上，中央区小，呈纵向椭圆形；壳缝基本遵循中轴区的形状，靠近末端略微侧偏；线纹点状，在中央区两侧辐射状排列，其余线纹与中线垂直，横线纹略较纵线纹明显，横线纹在 10 μm 内有 18~26 条，纵线纹在 10 μm 内有 28~33 条。

生境：底栖，水草附着，浮游。

分布：国内分布于山西、黑龙江、辽宁、陕西、西藏、四川、贵州、湖南、福建、台湾；国外分布于阿尔巴尼亚、英国、美国、古巴、巴西、刚果、埃及、印度、泰国、新西兰，夏威夷群岛。

辐节藻科 Stauroneidaceae D. G. Mann，1990

杜氏藻属 *Dorofeyukea* Kulikovskiy，Maltsev，Andreeva，T. Ludwig & Kociolek，2019

（134）科氏杜氏藻 *Dorofeyukea kotschyi*（Grunow）Kulikovskiy，Kociolek，Tusset & T. Ludwig，2019 图版 23：13–18

鉴定文献：Kulikovskiy Kociolek，Tusset et al. 2019，p. 178，figs. 5–7；刘冰等 2020，p. 354，pl. Ⅰ，figs. 1–16；pl. Ⅱ，figs. 1–6.

Navicula kotschyi Grunow，1860，p. 538，pl. 2，fig. 12

Schizonema kotschyi（Grunow）Kuntze，1898，p. 553（as“kotzschii”）

Luticola kotschyi（Grunow）J. C. Taylor，W. R. Harding & C. G. M. Archibald，nom. inval. 2007，p. 50

形态特征：壳面椭圆披针形，壳面末端延长，呈短头状或喙状；长 23~39 μm，宽 4~7 μm；中轴区狭窄呈线形，中央区呈领结状，边缘有长短不一的线纹；壳缝丝状，近壳缝端略微膨大，远壳缝端向同一侧偏转；线纹在壳面中央放射状，向顶端逐渐平行，线纹 10 μm 内 14~16 条。

生境：水草附着，底栖。

分布：国内分布于山西；国外分布于乌克兰、刚果、伊拉克、澳大利亚。

辐节藻属 *Stauroneis* Ehrenberg，1842

（135）两头辐节藻 *Stauroneis amphicephala* Kützing，1844 图版 24：

1-4

鉴定文献：Kützing 1844，p. 105，pl. 30，fig. 25；Bahls，Boynton and Johnston 2018，p. 52，pl. 15，fig. 9；p. 84，pl. 47，figs. 2，3；p. 168，pl. 131，fig. 8；Bahls and Luna 2018，p. 46，pl. 6，fig. 13；刘妍，范亚文和王全喜 2013，p. 839，pl. Ⅰ，figs. 12，13.

Stauroneis anceps var. *amphicephala*（Kützing）Van Heurck，1885，p. 69，pl. 4，figs. 6-7

形态特征：壳面椭圆形-披针形，末端延长呈喙头状；长 56~70 μm，宽 11~14 μm；中轴区宽度适中，向着中部带明显加宽，中央区是一个狭窄的近乎矩形的辐节，一直延伸至壳面边缘；壳缝略偏侧，近壳缝端略膨大；线纹在壳面中部略放射排列，在壳面末端放射强烈，线纹每 10 μm 内 16~18 条。

生境：底栖。

分布：国内分布于山西、黑龙江、云南、青海、四川、江西、安徽、江苏、西藏、陕西、贵州、浙江、吉林、内蒙古、湖南、河北、甘肃，上海、重庆；国外分布于德国、加拿大、蒙古、俄罗斯、澳大利亚，阿拉斯加，斯瓦尔巴群岛和格陵兰岛。

（136）日本辐节藻 *Stauroneis japonica* H. Kobayasi，1986 图版 23：19-26

鉴定文献：Kobayasi and Mayama 1986，p. 97，fig. 13［holotype］.

形态特征：壳面披针形到椭圆披针形，末端头状并有明显缢缩；壳面长 12~17 μm，宽 4~5 μm；中轴区线性披针形，中央区领结形，周围有不规则分布的短线纹；线纹在整个壳面上都呈强烈放射状，线纹每 10 μm 内 24~28 条。

生境：底栖，水草附着。

分布：国内分布于山西、江西、海南、青海、广西、吉林、四川、台湾、内蒙古、江苏、黑龙江，上海；国外分布于日本。

（137）克里格辐节藻 *Stauroneis kriegeri* R. M. Patrick，1945 图版 23：8–12

鉴定文献：Patrick 1945，p. 175；Bahls，Boynton and Johnston 2018，p. 51，pl. 14，fig. 2；Lange–Bertalot et al. 2017，p. 564，pl. 59，figs. 8–12；李家英和齐雨藻 2010，p. 118，pl. XX，fig. 4.

形态特征：壳面线性披针形，两侧边缘平形至微微凸出，近末端突然变窄，末端呈头状；长 18~34 μm，宽 5~7 μm；中轴区窄线形，中央区为一个较窄的领结状辐节，横向延伸至壳面边缘；壳缝丝状，近壳缝端笔直，远壳缝端明显偏转；线纹细密，由点纹组成，点纹近末端更细密，在壳面上微微辐射状排列，线纹 10 μm 内有 28~36 条。

生境：水草附着。

分布：国内分布于山西、吉林、辽宁、陕西、西藏、贵州、湖南；国外分布于冰岛、英国、美国、巴西、刚果、土耳其、印度、泰国、俄罗斯，夏威夷群岛、麦夸里岛和波塞申岛。

（138）分隔辐节藻 *Stauroneis separanda* Lange–Bertalot & Werum，2004 图版 23：6–7

鉴定文献：Werum and Lange–Bertalot 2004，p. 180，pl. 46，figs. 1–12；Bahls，Boynton and Johnston 2018，p. 51，pl. 14，fig. 1；Lange–Bertalot et al. 2017，p. 567，pl. 59，figs. 4–7；吴维维 2018，p. 444，pl. 3，fig. 12.

形态特征：壳面披针形，中部最宽，边缘呈三波曲，具短的喙状顶端；长 14~17 μm，宽 4~5 μm；中轴区狭窄，线形，接近中央区变宽，中央区的辐节为窄线形；壳缝丝状，近壳缝端轻微膨胀；线纹在中央区平行，接近顶端有轻微的辐射，线纹 10 μm 内 28~34 条。

生境：底栖。

分布：国内分布于山西、青海、吉林、西藏、山东；国外分布于法国、德国、加拿大。

（139）近纤弱辐节藻 *Stauroneis subgracilis* Lange–Bertalot & Krammer，

1999 图版 24：5-7

鉴定文献：Lange-Bertalot and Genkal 1999, p. 96, pl. 29；Metzeltin and García-Rodríguez 2012, p. 102, pl. 28, fig. 1；Metzeltin, Lange-Bertalot and Nergui 2009, p. 300, pl. 84, figs. 1, 2；吴维维 2018, p. 448, pl. 2, fig. 26.

形态特征：壳面披针形，顶端为明显凸出的喙状或槌头状；长 50～65 μm，宽 12～15 μm；中轴区宽度适中，向着中部带明显加宽，中央区是一个狭窄的近乎矩形的辐节，一直延伸至壳面边缘，壳面边缘的辐节中有时会出现短线纹；壳缝是侧向的，在近壳缝端膨大呈水滴状，在远壳缝端向同一侧偏转形成钩状；线纹略微弯曲并呈放射状，线纹 10 μm 内 14～22 条。

生境：水草附着，底栖。

分布：国内分布于山西、西藏；国外分布于德国、哥伦比亚、乌拉圭、蒙古、俄罗斯、澳大利亚，斯瓦尔巴群岛和格陵兰岛。

杯状藻属 *Craticula* Grunow, 1867

（140）模糊杯状藻 *Craticula ambigua*（Ehrenberg）D. G. Mann, 1990 图版 24：8-12

鉴定文献：Round, Crawford and Mann 1990, p. 666；Metzeltin and García-Rodríguez 2012, p. 110, pl. 32, fig. 3；Metzeltin, Lange-Bertalot and Nergui 2009, p. 270, pl. 69, figs. 1-9；p. 272, pl. 70, figs. 19-20；李家英和齐雨藻 2018, p. 17, pl. Ⅱ, fig. 3；pl. XXVII, figs. 1-6, 11.

Navicula ambigua Ehrenberg, 1843, p. 417, pl. 2/2, fig. 9

Vanheurckia ambigua（Ehrenberg）Brébisson, 1869, p. 206

Navicula cuspidata var. *ambigua*（Ehrenberg）Kirchner, 1878, p. 178

Vanheurckia cuspidata var. *ambigua*（Ehrenberg）Playfair, 1914, p. 114

形态特征：壳面菱形披针形，近末端延长略收缩，末端喙状至近头状；长 62～99 μm，宽 15～25 μm；中轴区呈很窄的线形，中央区略扩大形成不规则的长方形；壳缝直线形，近壳缝端略向一侧弯斜，中央孔膨大，远壳缝端分支近钩状；线纹略放射状，在壳面末端汇聚，线纹 10 μm 内 13～21 条。

生境：底栖，水草附着。

分布：国内分布于山西、黑龙江、宁夏、西藏、湖南、香港，北京；国外分布于英国、美国、巴西、苏丹、伊拉克、印度、俄罗斯、澳大利亚，亚速尔群岛和夏威夷群岛。

杆状藻目 Baccillariales Hendy，1937

杆状藻科 Bacillariaceae Ehrenberg，1831

菱板藻属 *Hantzschia* Grunow，1877

（141）两尖菱板藻 *Hantzschia amphioxys*（Ehrenberg）Grunow，1880 图版 25：40

鉴定文献：Cleve and Grunow 1880，p. 103；Bahls，Boynton and Johnston 2018，p. 92，pl. 55，fig. 7；Metzeltin and García－Rodríguez 2012，p. 180，pl. 67，figs. 1－5；王全喜 2018，p. 59，pl. XXXⅣ，figs. 1－12.

Eunotia amphioxys Ehrenberg，1843，p. 413，pl. 1/1，fig. 26；pl. 1/3，fig. 6

Nitzschia amphioxys（Ehrenberg）W. Smith，1853，p. 41，pl. 13，fig. 105

Homoeocladia amphioxys（Ehrenberg）Kuntze，1898，p. 408

形态特征：壳面弓形，背侧略凸出，腹侧凹入，两端显著逐渐狭窄，末端钝尖，呈喙状；长 24～60 μm，宽 5～10 μm；龙骨位于壳面一侧，龙骨与壳面齐平或稍高于壳面，中间两个龙骨突距离增大，其余龙骨突间距会稍小于龙骨突本身的宽度，龙骨突 10 μm 内 5～10 个；壳缝位于龙骨上的壳缝管内，在壳面中部断开；线纹单列，互相平行，线纹 10 μm 内 15～24 条。

生境：底栖，水草附着。

分布：国内分布于山西、河北、内蒙古、吉林、黑龙江、江苏、浙江、安徽、福建、山东、湖北、湖南、广西、四川、贵州、云南、西藏、陕西、宁夏、新疆、台湾，北京、上海、广州；国外分布于冰岛、法国、德国、古巴、阿根廷、南非、埃及、印度、泰国、日本、俄罗斯、澳大利亚，北极，阿拉斯加，夏威夷群岛和克利珀顿岛。

格鲁诺藻属 *Grunowia* Rabenhorst，1864

（142）萨德洛格鲁诺藻 *Grunowia solgensis*（A. Cleve）Aboal，2003 图版 25：11-15

鉴定文献：Aboal et al. 2003，p. 467；Leira，López-Rodríguez and Carballeira 2017，p. 17，fig. 11e.

Nitzschia solgensis A. Cleve，1952，p. 67，figs. 1451 c-d

形态特征：壳面窄披针形，两侧边缘不波曲，中间膨大，末端小圆头状；长 30~42 μm，宽 7~8 μm；龙骨位于壳面一侧，龙骨突窄肋状，延伸至壳面一段距离，龙骨突 10 μm 内 5~7 个；壳缝丝状，位于龙骨中，中部不间断，无壳缝分支；线纹由粗糙的孔纹组成，线纹 10 μm 内 18~20 条。

生境：底栖，水草附着，浮游。

分布：国内分布于山西、江西、西藏、四川；国外分布于西班牙、德国、哥伦比亚、伊朗、印度、新西兰，马德拉群岛。

（143）平片格鲁诺藻 *Grunowia tabellaria*（Grunow）Rabenhorst，1864 图版 25：16-20

鉴定文献：Rabenhorst 1864，p. 146；Barinova and Kukhaleishvili 2014，p. 234，pl. 21，fig. 3.

Denticula tabellaria Grunow，1862，p. 548，pl. 28，fig. 26

Nitzschia tabellaria（Grunow）Grunow，1880，p. 82

Nitzschia sinuata var. *tabellaria*（Grunow）Grunow，1881，pl. 60，figs. 12，13

Homoeocladia tabellaria（Grunow）Kuntze，1898，p. 409

形态特征：壳面较小，菱形至披针形，末端圆头状，两侧边缘直，只在中部膨大；长 17~28 μm，宽 7~8 μm；龙骨位于壳面一侧，且略高于壳面，龙骨突明显且细长，延伸至壳面的一半，龙骨突每 10 μm 内 5~7 个；壳缝位于龙骨中的纵管上，中部不间断，无壳缝分支；线纹由粗糙的孔纹组成，线纹每 10 μm 内 19~23 条。

生境：底栖，浮游，水草附着。

分布：国内分布于山西、西藏；国外分布于德国、西班牙、伊朗、新西兰。

菱形藻属 *Nitzschia* Hassall，1845

（144）两栖菱形藻 *Nitzschia amphibia* Grunow，1862 图版 25：6-10

鉴定文献：Grunow 1862，p. 574，pl. 28，fig. 23；Ector and Hlúbiková 2010，p. 369，pl. 105，figs. 1 - 15；Metzeltin and García - Rodríguez 2012，p. 186，pl. 70，figs. 5-6；王全喜 2018，p. 42，pl. XXⅧ，figs. 1-10.

Bacillaria amphibia（Grunow）Elmore，1895，p. 20

Homoeocladia amphibia（Grunow）Kuntze，1898，p. 408

形态特征：壳面披针形至线性披针形，末端尖圆形；长 17~25 μm，宽 4~5 μm；龙骨位于壳面一侧，龙骨突稍窄，楔形，像牙根，中间两个距离较宽，龙骨突每 10 μm 内 7~9 个；壳缝位于龙骨中的纵管上，中部不间断，无壳缝分支；线纹由粗糙的孔纹组成，线纹 10 μm 内 16~18 条。

生境：水草附着，底栖。

分布：国内分布于陕西、山西、河北、辽宁、吉林、黑龙江、江苏、安徽、福建、江西、山东、湖北、湖南、广西、海南、贵州、云南、西藏、宁夏、新疆，北京、上海；国外分布广泛，为世界广布种。

（145）沟坑菱形藻 *Nitzschia lacuum* Lange - Bertalot，1980 图版 25：24-26

鉴定文献：Lange - Bertalot 1980，p. 49，figs. 91 - 97，138 - 141；Bahls，Boynton and Johnston 2018，p. 54，pl. 16，fig. 2；Krammer and Lange-Bertalot 1997，p. 107，pl. 78，figs. 1 - 6；Lange - Bertalot et al. 2017，p. 448，pl. 110， figs. 22–27.

形态特征：壳面明显披针形，边缘凸出，末端头状，略微延长；长 10~18 μm，宽 2~3 μm；龙骨明显侧偏，龙骨突小，壳面中部的两个相距不远，龙骨突每 10 μm 内有 13~18 个；壳缝位于龙骨中的纵管上，中部不间断，无壳缝分支；线纹极细，光学显微镜下很难分清，龙骨附近的线纹分叉，线纹每 10 μm 内约 40 条。

生境：底栖，水草附着。

分布：国内分布于山西、黑龙江、吉林、广东；国外分布于德国、美国、刚果、印度、蒙古、新西兰，亚速尔群岛。

（146）线形菱形藻 *Nitzschia linearis* W. Smith，1853 图版 27：1–5

鉴定文献：Smith 1853，p. 39，pl. XIII，fig. 110；Metzeltin and García–Rodríguez 2012，p. 184，pl. 69，figs. 6–9；Ector and Hlúbiková 2010，p. 83，pl. 104，figs. 1–5；王全喜 2018，p. 31，pl. XIX，figs. 1–8.

Homoeocladia linearis（W. Smith）Kuntze

形态特征：壳面线形、线形–披针形至窄披针形，末端圆头，一侧稍凹入，另一侧弧形凸出；长 58 ~114 μm，宽 4~6 μm；龙骨位于壳面一侧边缘，略高于壳面，龙骨突窄肋状，稍延伸，中间两个距离明显增宽，龙骨突每 10 μm 内有 8~14 个；壳缝位于龙骨中的纵管上，中部不间断，无壳缝分支；线纹密集且平行，线纹每 10 μm 内 35~38 条。

生境：底栖，水草附着。

分布：国内分布于山西、内蒙古、辽宁、吉林、黑龙江、安徽、湖南、广东、广西、海南、贵州、云南、西藏、陕西、宁夏、新疆；国外分布于冰岛、德国、加拿大、美国、古巴、阿根廷、南非、埃及、印度、泰国、俄罗斯、澳大利亚，夏威夷群岛。

（147）谷皮菱形藻 *Nitzschia palea*（Kutzing）W. Smith，1856 图版 25：1–5

鉴定文献：Smith 1856，p. 89；Ector and Hlúbiková 2010，p. 377，

pl. 109, figs. 1–27; Bahls, Boynton and Johnston 2018, p. 53, pl. 16, fig. 11; 王全喜 2018, p. 40, pl. XXVII, figs. 1–11.

Synedra palea Kützing, 1844, p. 63, pl. 3, fig. 27

Homoeocladia palea（Kützing）Kuntze, 1898, p. 409

形态特征：壳面线性披针形，两侧平行，朝两端楔形减小，末端为近头状；长 60~64 μm，宽 4~5 μm；龙骨明显，龙骨突每 10 μm 内有 8~14 个；壳缝位于龙骨中的纵管上，中部不间断，无壳缝分支；线纹每 10 μm 内 36~38 条。

生境：底栖，水草附着。

分布：国内分布于山西、河北、内蒙古、辽宁、吉林、黑龙江、江苏、浙江、安徽、福建、江西、山东、湖北、湖南、广东、广西、海南、贵州、西藏、陕西、甘肃，新疆，重庆；国外分布广泛，为世界广布种。

（148）山西菱形藻 *Nitzschia shanxiensis* Liu & Xie，2017 图版 25：21–23，42

鉴定文献：Liu, Wu, Wang et al. 2017, p. 229, pl. 36, fig. 1.

形态特征：壳面宽披针形，壳面中部略微收缩，一侧收缩更明显，向末端逐渐变细，末端圆形；长 16~19 μm，宽 5~7 μm；龙骨突伸长并占据壳面表面的一半左右，沿龙骨呈不规则分布，在 10 μm 中有 5~7 个；壳缝丝状，位于宽而低的纵管上，没有近壳缝端，远壳缝端向同一侧偏转；线纹是明显呈点状的单列线纹，在壳面中部平行，向两端呈放射状，两条龙骨突之间通常有 3~4 条线纹，线纹 10 μm 内有 22~23 条。

生境：水草附着，浮游。

分布：国内分布于山西、西藏，重庆。

（149）土栖菱形藻 *Nitzschia terrestris*（J. B. Petersen）Hustedt，1934 图版 25：41

鉴定文献：Hustedt 1934, p. 396; Metzeltin, Lange-Bertalot and Nergui 2009, p. 586, pl. 227, figs. 17–22; Krammer and Lange-Bertalot 1997, p. 30, pl. 22, figs. 7–11；王全喜 2018, p. 23, pl. Ⅷ, fig. 14；pl. XⅢ, figs. 1–8.

Nitzschia vermicularis var. *terrestris* J. B. Petersen, 1928, p. 418, fig. 31

形态特征：壳面线形，中部直，向两端逐渐变窄，末端略呈小头状，向相反方向弯曲，末端稍呈“S”形弯曲；长 37~100 μm，宽 4~5 μm；龙骨位于壳面边缘，龙骨突在 10 μm 中有 5~8 个；壳缝位于龙骨中的纵管上，中部不间断，无壳缝分支；线纹在光学显微镜下不清晰。

生境：底栖。

分布：国内分布于内蒙古、山西、新疆；国外分布于俄罗斯、美国、巴西、英国、新西兰、冰岛、土耳其。

盘杆藻属 *Tryblionella* W. Smith，1853

（150）狭窄盘杆藻 *Tryblionella angustatula*（Lange–Bertalot）Cantonati & Lange–Bertalot，2017 图版 25：27–28

鉴定文献：Kusber, Cantonati and Lange–Bertalot 2017, p. 91；Krammer and Lange–Bertalot 1997, p. 48, pl. 36, figs. 1–5；Lange–Bertalot et al. 2017, p. 596, pl. 106, figs. 8–12；王全喜 2018, p. 62, pl. LⅡ, figs. 1–10.

Nitzschia angustatula Lange–Bertalot，1987, p. 6, pl. 18, figs. 1–4

形态特征：壳面线形至线形–披针形，朝两端呈喙状延伸，末端尖圆；长 22~23 μm，宽 4 μm；龙骨突不明显，密度和线纹相同；壳缝位于龙骨中的纵管上，中部不间断，无壳缝分支；线纹 10 μm 内 16~17 条。

生境：底栖，水草附着。

分布：国内分布于山西、新疆、西藏，上海；国外分布于英国、德国、俄罗斯。

细齿藻属 *Denticula* Kützing，1844

（151）华美细齿藻 *Denticula elegans* Kützing，1844 图版 25：29–33

鉴定文献：Kützing 1844, p. 44, pl. 17, fig. 5；Krammer and Lange–Bertalot 1997, p. 141, pl. 94, figs. 1–2；pl. 96, figs. 10–33；pl. 97, figs. 1–5；王

全喜 2018, p. 72, pl. LXI, figs. 20–26.

Rhabdium elegans (Kützing) Trevisan, 1848, p. 95

Odontidium elegans (Kützing) O'Meara, 1875, p. 288

形态特征：壳面椭圆披针形，末端钝圆；长 14~19 μm，宽 5~6 μm；壳缝明显，位于偏离中心的纵管中，中部不间断，无壳缝分支；横肋纹每 10 μm 内有 4~5 条，肋纹之间有孔纹 2~4 排，线纹每 10 μm 内 16~20 条。

生境：底栖，浮游，水草附着。

分布：国内分布于山西、辽宁、贵州、西藏、新疆；国外分布于德国、苏丹、伊拉克、印度、俄罗斯、新西兰，阿拉斯加，斯瓦尔巴群岛、亚速尔群岛和夏威夷群岛。

（152）库津细齿藻 *Denticula kuetzingii* Grunow, 1862 图版 25：34–39

鉴定文献：Grunow 1862, p. 546, 548, pl. XVIII, figs. 15, 27; Krammer and Lange - Bertalot 1997, p. 143, pl. 94, figs. 3, 4; pl. 99, figs. 11 - 23; pl. 100, figs. 1 - 14, 18 - 22; Metzeltin, Lange - Bertalot and Nergui 2009, p. 574, pl. 221, figs. 1–9; 王全喜 2018, p. 70, pl. LXII, figs. 15–17; pl. LXII, figs. 1–28; pl. LXIV, figs. 1–5.

形态特征：壳面线形至披针形，末端圆形或楔形，有时近喙状；长 23~56 μm，宽 5~7 μm；龙骨突明显，与横肋纹相连，基本延伸至整个壳面，每 10 μm 内 5~8 条，中间一对龙骨突距离不增大；壳缝位于龙骨上，中部不间断，远壳缝端弯曲呈钩状；线纹由粗糙的点纹组成，10 μm 内 14~16 条。

生境：底栖，水草附着，浮游。

分布：国内分布于山西、辽宁、吉林、湖南、四川、贵州、西藏、甘肃、宁夏、新疆；国外分布于俄罗斯、蒙古、加拿大、阿根廷、英国、澳大利亚、苏丹、伊朗、印度、新西兰，亚速尔群岛。

双菱藻目 Surirellales D. G. Mann，1990

双菱藻科 Surirellaceae Kützing，1844

双菱藻属 *Surirella* Turpin，1828

（153）窄双菱藻 *Surirella angusta* Kützing，1844 图版 27：6–10

鉴定文献：Kützing 1844，p. 61，pl. 30，fig. 52；Krammer and Lange-Bertalot 1997，p. 187，pl. 133，figs. 6–13；pl. 134，figs. 1，6–10；Metzeltin，Lange-Bertalot and Nergui 2009，p. 614，pl. 241，figs. 1–14；p. 616，pl. 242，figs. 1–6；王全喜 2018，p. 106，pl. XCIV，figs. 1–11；pl. XCV，figs. 1–4；pl. XCVI，fig. 1.

Surirella ovalis var. *angusta*（Kützing）Van Heurck，1885，p. 189，pl. 73，fig. 13

Suriraya ovalis var. *angusta*（Kützing）Gutwinski，1899，p. 695

Surirella ovata var. *angusta*（Kützing）Cleve-Euler，1952，p. 123，fig. 1566k-l（as "Surirella ovata 'epsilon' angusta mh."）

形态特征：壳面等线形，末端楔形，壳面平坦；长 23～27 μm，宽 7～8 μm；龙骨很低，没有翼状管；肋纹每 10 μm 内 7～8 条，每第三或第四条肋纹升高；壳面边缘具有假漏斗结构，其上线纹密集，互相平行，在壳面两端呈放射状，线纹 10 μm 内 23～28 条。

生境：水草附着，底栖。

分布：国内分布于天津，山西、内蒙古、辽宁、吉林、黑龙江、江苏、安徽、福建、湖北、湖南、广东、广西、贵州、云南、西藏、新疆；国外分布广泛，为世界广布种。

（154）细长双菱藻 *Surirella gracilis*（W. Smith）Grunow，1862 图版 27：11–13

鉴定文献：Grunow 1862，p. 144，pl. 7，fig. 11；Krammer and Lange-Bertalot 1997，p. 188，pl. 136，figs. 1–4；王全喜 2018，p. 105，pl. XCV， figs. 7-12；pl. XCVI，figs. 2-3；pl. XCVII，figs. 1-3.

形态特征：壳面线形，两侧平行，稍微凸出或凹入，末端楔圆形；长60~67 μm，宽13~15 μm；壳面没有翼状管，边缘具有清晰的假漏斗结构，可至壳面中部；壳缝位于壳面边缘的龙骨中，龙骨突每10 μm内有6~7个；线纹密集且平行，在壳面两端呈放射状，线纹10 μm内28~30条。

生境：底栖，水草附着。

分布：国内分布于山西、内蒙古、黑龙江、江苏、湖南、贵州、西藏、新疆；国外分布于冰岛、德国、法国、美国、土耳其、俄罗斯、新西兰。

（155）线性双菱藻淡黄变种 *Surirella linearis* var. *helvetica*（Brum）Meister，1912 图版26：6-10

鉴定文献：Meister 1912，p. 223，pl. 41，fig. 6；Krammer and Lange-Bertalot 1997，p. 199，pl. 151，figs. 2-4.

形态特征：壳面线形，上下对称，末端圆楔形，略尖；长50~100 μm，宽18~25 μm；在壳面中部，沿纵轴有一个窄披针形的透明轴向区域；翼状管每10 μm有2~3个；壳缝位于壳面边缘凸起的龙骨中；壳面左右线纹呈交替分布，且线纹由明显的点纹组成，线纹10 μm内15~17条。

生境：水草附着，底栖。

分布：国内分布于山西、四川、新疆、西藏、湖南，北京、上海、重庆；国外分布于冰岛、法国、西班牙、美国、伊拉克、印度、泰国、俄罗斯、新西兰。

（156）柔软双菱藻 *Surirella tenera* W. Gregory，1856 图版26：1-5

鉴定文献：Gregory 1856，p. 11，pl. 1，fig. 38；Krammer and Lange-Bertalot 1997，p. 202，pl. 158，figs. 1-3；王全喜 2018，p. 121，pl. CXXV，figs. 1-3；pl. CXXVI，figs. 1-3.

形态特征：壳面椭圆披针形至线性披针形，异极，一端钝圆，另一端尖圆；壳面长65~73 μm，宽18~23 μm；壳面具波纹，形成波纹的肋纹一般从壳缘延伸至壳面中部的线性披针形透明区域，透明区域中部具清晰的纵向肋纹，肋纹上不具刺；翼状管清晰；壳缝位于壳面边缘凸起的龙骨或翼状管顶部；线纹在光学显微镜下不清晰。

生境：底栖，水草附着。

分布：国内分布于山西、内蒙古、辽宁、黑龙江、安徽、西藏、福建、河南、湖南、广西、海南、贵州、新疆；国外分布广泛，为世界广布种。

波缘藻属 *Cymatopleura* W. Smith，1851

（157）草鞋形波缘藻整齐变种 *Cymatopleura solea* var. *regula*（Ehrenberg）Grunow，1852 图版 28：1-5

鉴定文献：Grunow 1862，p. 466；王全喜 2018，p. 102，pl. LXXXVI，figs. 3-7.

形态特征：壳面宽线形，等极，两侧平直，末端呈钝圆楔形；长 70~93 μm，宽 18~20 μm；壳面具明显的波纹，横肋纹 10 μm 内有 6~9 条；壳缝位于壳面边缘的龙骨中，龙骨突每 10 μm 内有 7~9 个；线纹由细且不明显的点纹组成，线纹每 10 μm 内有 29~34 条。

生境：底栖，水草附着。

分布：国内分布于山西、内蒙古、黑龙江、湖南、贵州、西藏、新疆；国外分布于法国、俄罗斯、美国、土耳其。

马鞍藻属 *Campylodiscus* C. G. Ehrenberg ex F. T. Kützing，1844

（158）冬生马鞍藻 *Campylodiscus hibernicus* Ehrenberg，1845 图版 28：6-7

鉴定文献：Ehrenberg 1845，p. 154，no fig.；Krammer and Lange-Bertalot 1997，p. 214，pl. 175，fig. 5；pl. 179，figs. 1-4；pl. 180，figs. 1-7；pl. 181，figs. 1-3；Lange-Bertalot et al. 2017，p. 128，pl. 127，figs. 6-7；王全喜 2018，p. 128，pl. CXXXIV，figs. 1-4.

形态特征：壳面马鞍形，在横截面和纵截面上都是弯曲的；直径 80~130 μm；在壳面边缘可见漏斗结构斜向顶端排列；中间区域是一个椭圆形的无线纹区域，上下壳面分别关于顶面观对称；壳缝系统靠近壳面边缘，位于龙骨上，并且围绕整个壳面的边缘；漏斗结构每 100 μm 内有 10~20 个。

生境：底栖。

分布：国内分布于山西、湖南、四川、贵州、云南、西藏、新疆；国外分布于德国、美国、埃及、印度、俄罗斯、新西兰，亚速尔群岛。

3.2　蟒河自然保护区的硅藻新种

（159）长椭圆内丝藻 *Encyonema oblonga* Q. Liu & S. Xie，2021 图版 29：1-13；图版 30：1-5

形态特征：壳面线形，轻微的背腹性，壳面末端钝圆不延伸；长 20~30 μm，宽 6 μm；线纹 10 μm 内 8~10 条；近缝端壳缝弯向腹侧，末端壳缝明显弯曲；轴向面积窄，中央区由腹侧明显缩短的线纹和背侧极短的线纹构成，线纹平行，壳面顶端线纹呈放射状围绕，10 μm 内 8~10 条。

生境：底栖。

分布：山西晋城。

讨论：与此新种较为相似的有 *E. leei*（Krammer）Ohtsuka（2004）、*E. appalachianum* Potapova（2014）、*E. lacustre*（Agardh）D. G. Mann（Krammer 1997b）。这几个物种都具有明显的由点纹组成的线纹，壳缝的末端都有所弯曲，但这几个种在显微结构下也有明显的区别。*E. appalachianum* 和 *E. leei* 壳缝的中缝末端呈一定的角度，且 *E. appalachianum* 的中缝末端有一个切口，该切口向背侧边缘偏转，而中缝末端的其余部分向腹部边缘偏转。*E. leei* 的两个中缝末端均有切口，而 *E. oblonga* 没有切口。*E. appalachianum* 存在一个中央结节，既存在有间隙又存在无间隙的情况，而 *E. leei* 和 *E. oblonga* 均不存在间隙。*E. lacustre* 其线纹在壳面中部是辐射状的，*E. leei*、*E. appalachianum* 及 *E. oblonga* 线纹在中部均是平行。

第4章　蟒河自然保护区硅藻植物的时空分布特征及水质评价

4.1　蟒河自然保护区硅藻植物的种类组成

在2017年9月、2018年3月以及2018年7月（分别代表秋季、春季和夏季）对蟒河自然保护区硅藻植物进行了采集，共采到162号标本。对采集到的硅藻门植物进行鉴定，共鉴定出硅藻植物159个分类单位，隶属于3纲13目25科54属。属水平上数量较多，多样性较高，圆筛藻纲Coscinodiscophyceae有5属6种，占总种类数的3.8%；脆杆藻纲（Fragilariophyceae）有9属14种，占总种类数的8.8%；硅藻纲（Bacillariophyceae）有40属139种，占总种类数的87.4%。优势属有：桥弯藻属（*Cymbella*）、异极藻属（*Gomphonema*）、舟形藻属（*Navicula*），各观察到10个、16个、15个种，分别占总分类单位的6.3%、10.1%、9.4%。其中23个属只观察到1个种，例如：扇形藻属（*Merdion*）、真卵形藻属（*Eucocconeis*）、肋缝藻属（*Frustulia*）、杯状藻属（*Craticula*）、沙生藻属（*Psammothidium*）、卡氏藻属（*Karayevia*）、优美藻属（*Delicata*）、双肋藻属（*Amphipleura*）、长篦形藻属（*Neidipmorpha*）、布纹藻属（*Gyrosigma*）、盘杆藻属（*Tryblionella*）等。从以上可看出，蟒河地区硅藻植物主要以硅藻纲的种类为主，且优势种集中在舟形藻属、桥弯藻属及异极藻属，大部分优势种亦为常见种，偶见种的种类较少。这与采集的标本附着生境比较多有一定关系。

4.2 蟒河自然保护区硅藻植物的时空分布特征

在蟒河自然保护区，春季、夏季、秋季3个季节的硅藻群落结构特点如下。

（1）春季采集到的标本有60号，夏季采集到标本有45号，秋季采集到的标本有57号；春季观察到硅藻种类158种，夏季观察到硅藻种类145种，秋季观察到硅藻种类151种。种类数由高到低依次是春季、秋季、夏季。在对不同季节的封片进行计数时，发现硅藻数量由高到低依次为秋季、春季、夏季，这与硅藻的生活习性相对应，春、秋季适宜硅藻的生长，硅藻的种类及数量都较其他季节多。

（2）根据 *Y* 优势度指数计算得出，不同季节的优势种，具体数据见表4.1。

表4.1 不同季节的优势种

	春季	夏季	秋季
优势种	细曲丝藻、纤细曲丝藻、庇里牛斯曲丝藻、念珠状等片藻、中华优美藻、假放射舟形藻、华美细齿藻	链状曲丝藻、细曲丝藻、庇里牛斯曲丝藻、中华优美藻、粗糙拟内丝藻、华美细齿藻	纤细曲丝藻、链状曲丝藻、细曲丝藻、纤细曲丝藻、庇里牛斯曲丝藻、中华优美藻、微小内丝藻、华美细齿藻
共有的优势种	细曲丝藻、庇里牛斯曲丝藻、中华优美藻、华美细齿藻		

由表4.1可知，春季优势种有5属7种，夏季优势种有4属6种，秋季优势种有4属8种，其中有4个优势种是3个季节共有的。通过计数观察到的广布种有：偏肿内丝藻（*Encyonema ventricosum*）、扁圆卵形藻（*Cocconeis placentula*）、小足异极藻（*Gomphonema micropus*）、假放射舟形藻（*Navicula radiosafallax*）、具星碟星藻（*Discostella stelligera*）、宽弯肋藻

（*Cymbopleura lata*）、粗糙拟内丝藻（*Encyonopsis robusta*）等，偶见种有：虱形双眉藻（*Amphora pediculus*）、华美细齿藻（*Denticula elegans*）、短角美壁藻（*Caloneis silicula*）等。这说明春季、夏季、秋季3个季节的优势种是较为相似的，主要为喜附着生活的小曲丝藻属和优美藻属种类。常见种也较为相似，说明不同季节对硅藻群落的种类数有所影响，但对同一地区的优势种和常见种种类影响不大，而部分硅藻种类在不同季节中数量有所差异。

（3）将不同季节及不同生境的硅藻种类均输入SPSS软件系统，对硅藻群落进行SPSS聚类分析，具体图解见图4.1。

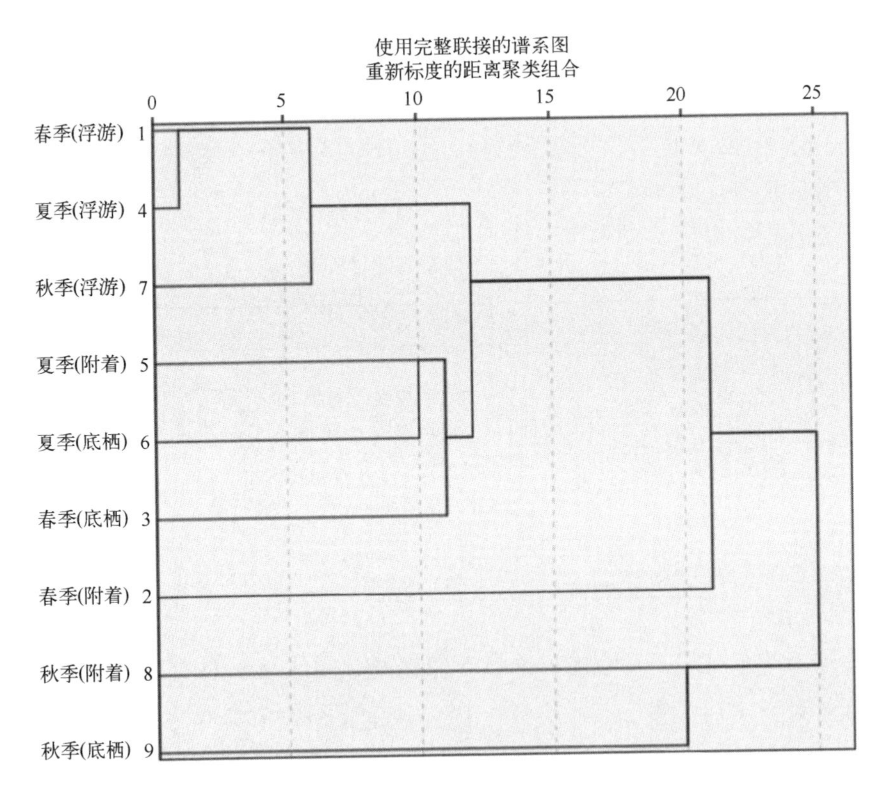

图4.1 不同季节及不同生境蟒河硅藻群落聚类分析

以 25 为界限，可以看出，不同季节、不同生境的硅藻群落都聚为一枝，说明季节及生境对硅藻群落结构的影响不大。之所以将 3 个季节的 3 种生境分为 9 类数据进行聚类分析，是因为若单独分开季节及生境进行聚类，则只有 3 组数据，数据较少，且浮游生境的标本极少，所得出的结果可能有所偏差，因此组合成 9 类数据进行分析。

从图 4. 1 可知，春季、夏季和秋季的浮游硅藻聚为一枝，夏季附着、夏季底栖和春季底栖的硅藻聚为一枝，春季附着硅藻单独聚为一枝，秋季附着和底栖的硅藻聚为一枝。说明不同季节对浮游硅藻群落结构影响不大，同一季节附着和底栖硅藻群落结构较为相似。

（4）将不同季节的硅藻群落使用相似性百分比进行计算分析，具体数值见表 4. 2。

表 4. 2　不同季节硅藻群落相似性百分比分析

	春季	夏季	秋季
春季		66%	
夏季			75%
秋季	71%		

由表 4. 2 相似性百分比分析得出，春季与秋季的相似性百分比为 71%，春季与夏季的相似性百分比为 66%，夏季与秋季的相似性百分比为 75%，不同季节之间硅藻相似性百分比都在 60%~75%之间，显示各季节之间的硅藻群落结构中等相似，而在显微镜下计数时也发现不同季节的硅藻群落种类变化不大，只是数量上有所不同，说明季节对硅藻群落结构的影响不大。由于冬季河流结冰，冬季的标本未能采集到，只能进行 3 个季节的硅藻群落结构分析。

从蟒河自然保护区采集到的硅藻标本生境主要为 3 种：底栖型生境、附着型生境、浮游型生境，不同生境的蟒河硅藻植物群落结构特点如下。

（1）底栖型生境：主要为溪流底栖、河流底栖，所采集的标本号共 55 号，pH 值为 7. 72~8. 69，水温为 13. 4~24. 8℃；附着型生境：主要为水草附着、草叶附着等，采集标本号共 100 号，pH 值为 7. 72 ~ 8. 69，水温为 13. 4~24. 8℃；浮游型生境：主要为湖泊、溪流、河流湿地，所采集标本号共 7 号，这一生境标本号数量较少，pH 值为 8. 28 ~ 8. 68，水温为 14. 7 ~ 21. 2℃。

（2）由图 4. 1 聚类分析得出，春季、夏季和秋季的浮游硅藻聚为一枝，夏季附着、夏季底栖和春季底栖的硅藻聚为一枝，春季附着硅藻单独聚为一枝，秋季附着和底栖的硅藻聚为一枝。说明不同季节对浮游硅藻群落结构影响不大，同一季节附着和底栖硅藻群落结构较为相似。

（3）将不同生境的硅藻群落进行相似性百分比计算分析，具体数值见表 4. 3。

表 4. 3 不同生境硅藻群落相似性百分比分析

	附着	底栖	浮游
附着		72%	
底栖			46%
浮游	48%		

对单个季节不同生境的硅藻群落进行相似性分析，数据较少，可能会出现一定的偏差，因此对不同生境的硅藻群落结构分析是将 3 个季节的生境整合在一起进行比较分析。由表 4. 3 相似性百分比分析得出，底栖型生境与附着型生境相似性百分比为 72%，表现为中等相似；浮游型生境与附着型生境相似性百分比为 48%，底栖型生境与浮游型生境相似性百分比为 46%，均为中等不相似，说明在附着与底栖生境中，硅藻结构呈现中等相似，而浮游型生境与其他两种生境中的硅藻结构中等不相似，说明生境对硅藻群落结构具有一定的影响。蟒河地区底栖与附着生境占多数，浮游生境较少，因此每个季节的浮游标本采集的较少，且淡水硅藻常见于底栖及附着生境，这与其生活习性相对应。

4.3　蟒河自然保护区水质评价

在 Olympus BX51 光学显微镜下对制作好的硅藻标本进行计数，在 100 倍的物镜下，每个封片随机计数 400 个硅藻壳面，不足 400 个则将整个封片中的所有硅藻计数。运用 SPSS 软件对不同季节、不同生境的硅藻群落进行聚类分析，运用 EXCEL 软件对 Mcnaughton 优势度指数 Y、群落结构相似性百分比分析、Shannon-Wiener 多样性指数、Pielou 均匀度指数、Margalef 多样性指数及 Simpson 指数进行运算（孔凡洲等，2012；吴维维 2018）。

（1）通过 SPSS 聚类分析来分析不同季节、不同生境的硅藻群落之间的联系，以一定数据为界限，若数据聚为一支，则说明相似性较高，不同生境及不同季节对硅藻群落结构的影响不大；若没有聚为一支，则说明不同生境及不同季节对硅藻群落结构的影响较大。

（2）通过 Mcnaughton 优势度指数 Y 来计算不同季节及不同生境中的优势种，具体公式如下：

$$Y = (n_i/N)f_i$$

式中，N 为各采样点所有物种个体总数；n_i 为第 i 种的个体总数；f_i 为该物种在各个采样点出现的频率。

当 $Y \geqslant 0.02$ 时，该物种为群落中的优势种。并且比较不同季节硅藻优势种、常见类群（10%以上）、偶见类群（1%以下）之间的区别。

（3）通过相似性百分比分析（analysis of similarity percentages，SIMPER）来计算分析不同季节及不同生境硅藻群落的相似度，分析季节及生境对硅藻群落的影响，具体公式如下：

$$S = C/(A + B - C)$$

式中，A、B 为两个群落的种类数；C 为两个群落共有的种类数。

当 $S>0.75$ 时表示两个群落之间极相似；当 $0.75 \geqslant S \geqslant 0.5$ 时，表示两个

群落中等相似；当 $0.5>S\geqslant0.25$ 时，表示两个群落中等不相似；当 $S<0.25$ 时，表示极不相似。

（4）Shannon-Wiener 多样性指数（H）

$$H = -\sum_{i=1}^{s} P_i \times \ln P_i (P_i = n_i/N)$$

式中，P_i 为样方中第 i 种物种的相对生物量；s 为采样地中硅藻的种类数；n_i 为第 i 种的个体总数；N 为所有物种的个体总数。

根据水质评价标准，当 $H\geqslant3$ 时，表示该地区的水质是清洁水质；当 $2\leqslant H<3$ 时，表示该地的水质已有轻度的污染；当 $1\leqslant H<2$ 时，表示该地的水质已出现中度污染；当 $0\leqslant H<1$ 时，表示该地的水质已出现重度污染。

（5）Margalef 多样性指数（D_{Mar}）

$$D = (s - 1)/\ln N$$

式中，s 为采样地中硅藻的种类数；N 为所有物种的个体总数。

根据水质评价标准，当 $D\geqslant6$ 时，该地的水质较为清洁，为清洁水质；当 $4\leqslant D<6$ 时，该地的水质已轻度污染；当 $3\leqslant D<4$ 时，该地的水质污染为中度污染；当 $D<3$ 时，该地的水质污染极为严重，为重度污染。

（6）Pielou 均匀度指数（J）

$$E = H/\ln S$$

式中，H 为 Shannon-Wiener 多样性指数；S 为种类数。

根据水质评价标准，当 $0\leqslant J<0.3$ 时，该地水质污染严重，为重度污染；当 $0.3\leqslant J\leqslant0.5$ 时，该地水质发生中度污染；当 $0.5<J\leqslant0.8$ 时，该地水质为轻度污染；当 $J>0.8$ 时，该地水质较好，水质清洁。

（7）Simpson 指数（D_{Sim}）

$$D = 1 - \sum_{i=1}^{s} (n_i/N)^2$$

式中，s 为采样地中硅藻的种类数；n_i 为第 i 种的个体总数；N 为所有物种的个体总数。

此数据反映群落中优势种在群落结构中的地位和作用，当其数值越小时，表示该群落的优势种属分布较为明显，物种的数量分布不均匀；当其数值越大时，表示该群落中物种的数量分布比较均匀，优势种属不是很明显。

本文对蟒河地区的硅藻植物种类多样性进行计算，应用 Shannon-Wiener 多样性指数、Simpson 指数、Margalef 多样性指数及 Pielou 均匀度指数对不同季节的水体进行初步评价，具体数据见表 4.4。

表 4.4　蟒河地区水质评价

指数	春季	夏季	秋季
Shannon-Wiener	2.343	1.998	2.231
Margalef	4.618	4.107	4.825
Pielou	0.703	0.622	0.690
Simpson	0.838	0.762	0.823

根据表 4.4 可知：Shannon-Wiener 指数的范围为 1.998~2.343，数值的变化不大，最大值为春季，最小值是夏季，显示蟒河地区的水质已经出现污染。其中，春季与秋季的 Shannon-Wiener 指数均大于 2，显示其水质为轻度污染；夏季指数小于 2，显示其水质为中度污染。

Margalef 指数的范围为 4.107~4.825，数值的变化不大，其中数值的最大值为秋季，最小值为夏季，3 个季节的 Margalef 指数均大于 4 且小于 6，显示水质为轻度污染。

Pielou 指数的范围为 0.622~0.703，数值的变化不大，其中数值的最大值为春季，最小值为夏季，3 个季节的 Pielou 指数均大于 0.5 且小于 0.8，显示水质为轻度污染。

Simpson 指数的范围为 0.762~0.838，数值的变化也较小，其数值的最大值是春季，最小值为夏季，Simpson 数值显示春季和秋季两个季节的硅藻多样性大于夏季，说明春季和秋季硅藻物种数量比夏季分布均匀，分配程度分散。这与硅藻的生活习性相对应。

根据多样性指数的评价结果，数据显示蟒河地区的水质已受到污染，春、秋季水质轻度污染，夏季 Shannon-Wiener 多样性指数显示中度污染，其他数据显示为轻度污染，且春、秋季的数据均极为相近，夏季与其他两个季度的数据略有差距。分析原因：可能是由于蟒河地区为国家级自然保护区，游客较多，对当地环境造成一定的污染，并会对水质造成一定的影响，使水质出现污染的情况，而夏季的污染较其他两个季节严重，因此可能与季节有关。夏季景区较为凉爽，避暑的游客人数较其他季节多，因此夏季的污染指数较其他季节略高。蟒河地区的水源是当地居民生活用水的主要来源，因此，为了保护蟒河自然保护区的环境，一方面要加强景区的宣传教育，尤其是保护水环境方面的宣传教育，使游客在游玩的同时自觉爱护风景区，另一方面也要制定切实可行的水环境保护措施。

参考文献

樊高罡，潘芳婷，罗粉，等，2021. 泸沽湖硅藻植物初报．上海师范大学学报（自然科学版），50（1）：28–38.

樊文博，2020. 蟒河硅藻生态位研究．能源与节能，（4）：64–67，129.

付志鑫，张稼俊，刘妍，等，2018. 海南岛异极藻属（硅藻门）中国新记录．植物科学学报，36（1）：17–23.

金德祥，1978. 硅藻分类系统的探讨．厦门大学学报，2：31–50.

孔凡洲，2012. 长江口赤潮区浮游植物的粒级结构、种类组成和色素分析. 中国科学院研究生院（海洋研究所）博士学位论文.

李博，2013. 四川牟尼沟喀斯特地貌硅藻研究．上海：上海师范大学硕士学位论文．

李家英，齐雨藻，2010. 中国淡水藻志：第十四卷，硅藻门，舟形藻科Ⅰ. 北京：科学出版社，1–177.

李家英，齐雨藻，2014. 中国淡水藻志：第十九卷，硅藻门，舟行藻科Ⅱ. 北京：科学出版社，1–147.

李家英，齐雨藻，2018. 中国淡水藻志：第二十三卷，硅藻门，舟形藻科Ⅲ. 北京：科学出版社，1–214.

李艳玲，龚志军，谢平，等，2007. 中国硅藻化石新种和新记录种．水生生物学报，31（3）：319–324.

李艳玲，施之新，谢平，等，2003. 青海省异极藻属和桥弯藻属（硅藻门）的新变种．水生生物学报，（2）：147–148.

林雪如，RIOUAL P，白志娟，等，2018. 喀纳斯湖硅藻的中国新记录种及现生种属调查．水生生物学报，42（3）：641–654.

刘冰，向冬琴，全思瑾，等，2020. 一种硅藻中国新记录属种——科氏杜氏藻．西北植物学，40（2）：353–357.

刘琪，2015. 四川若尔盖湿地及其附近水域硅藻的分类及生态研究. 杭州：浙江大学博士学位论文.
刘妍, 2010. 大兴安岭沼泽硅藻分类生态研究 . 杭州：浙江大学博士学位论文 .
刘妍, 范亚文, 王全喜, 2013. 大兴安岭舟形藻科（硅藻门）中国新记录植物 . 西北植物学报, 33（4）：835-839.
刘妍, 范亚文, 王全喜, 2016. 大兴安岭长曲壳藻科硅藻中国新记录 . 西北植物学报, 36（11）：2339-2345.
刘妍, KOCIOLEK J P, 王全喜, 等, 2016. 海南岛淡水单壳缝类硅藻的分类学研究 . 水生生物学报, 40（6）：1266-1277.
罗粉, 尤庆敏, 于潘, 等, 2019. 四川木格措十字脆杆藻科硅藻的分类研究 . 水生生物学报, 43（4）：910-922.
罗粉, 2021. 横断山区硅藻生物多样性及生态研究. 上海：上海师范大学博士学位论文.
马沛明, 施练东, 赵先富, 等, 2013. 一种淡水水华硅藻——链状弯壳藻（*Achnanthidium catenatum*）. 湖泊科学, 25（1）：156-162.
闵华明, 马家海, 2007. 上海市滩涂夏季底栖硅藻初步研究 . 热带亚热带植物学报, 15（5）：390-398.
倪依晨, 2014. 中国西南山区硅藻研究 . 上海：上海师范大学硕士论文 .
倪依晨, 刘琪, 尤庆敏, 等, 2013. 甘肃尕海硅藻初报 . 植物科学学报, 31（5）：445-453.
齐雨藻, 1995. 中国淡水藻志：第四卷, 硅藻门, 中心纲 . 北京：科学出版社, 1-89.
齐雨藻, 李家英, 2004. 中国淡水藻志：第十卷, 硅藻门, 羽纹纲 . 北京：科学出版社, 1-161.
饶钦止, 1964. 西藏西南部地区的藻类 . 海洋与湖沼, 6（2）：169-189.
沙华, 闫冰华, 2021. 山西阳城蟒河猕猴国家级自然保护区内地质遗迹资源特征与评价. 华北自然资源（5）：108-109, 112.
施之新, 2004. 中国淡水藻志：第十二卷, 硅藻门, 异极藻科 . 北京：科学出版社, 1-147.
施之新, 2013. 中国淡水藻志：第十六卷, 硅藻门, 桥弯藻科 . 北京：科学出版社, 1-174.
王桂花, 谢树莲, 张峰, 等, 2007. 山西蟒河自然保护区苔藓植物研究 . 山西大学学报

（自然科学版），30（4）：532-537.

王全喜，邓贵平，2017. 九寨沟自然保护区常见藻类图集 . 北京：科学出版社 .

王全喜，2018. 中国淡水藻志：第二十二卷，硅藻门，管壳缝目 . 北京：科学出版社，1-166.

王艳璐，于潘，曹玥，等，2019. 四川甘孜曲丝藻科硅藻中国新记录 . 植物科学学报，37（1）：10-17.

吴维维，刘琪，冯佳，等，2017. 西藏拉鲁湿地硅藻植物的分类研究 . 西北植物学报，37（3）：613-618.

吴维维，2018. 西藏林芝地区及拉萨市硅藻植物分类研究 . 太原：山西大学硕士学位论文.

吴竹臣，2011. 上海崇明明珠湖浮游植物群落结构演替及水质评价 . 上海：上海海洋大学硕士学位论文 .

谢淑琦，齐雨藻，1997. 等片藻属几个种的分类学问题研究 . 植物分类学报，35（1）：37-42.

徐季雄，尤庆敏，KOCIOLEK J P，等，2017. 九寨沟长海中心纲硅藻的分类学研究及报道 1 个新种 . 水生生物学报，41（5）：1140-1148.

尤庆敏，2006. 中国新疆硅藻区系分类初步研究 . 上海：上海师范大学硕士学位论文 .

尤庆敏，2009. 中国淡水管壳缝目硅藻的分类学研究 . 上海：华东师范大学博士学位论文.

张军，田随味，魏清华，等，2004. 蟒河自然保护区野生植物资源调查分析 . 山西林业科技（4）：27-29.

张青霞，2015. 蟒河自然保护区野生南方红豆杉资源调查 . 山西林业科技，44（4）：50-51.

张殷波，张峰，赵益善，等，2003. 山西蟒河自然保护区种子植物区系研究 . 植物研究，23（4）：500-506.

赵瑾，程金凤，慕小倩，等，2013. 秦岭火地塘林区硅藻植物的研究 . 西北农林科技大学学报（自然科学版），41（1）：183-194.

朱蕙忠，陈嘉佑，2000. 中国西藏硅藻 . 北京：科学出版社，1-353.

ABOAL M，CAMBRA-SÁNCHEZ J，ECTOR L，2003. Floristic list of non-marine diatoms

(Bacillariophyceae) of Iberian Peninsula, Balearic Islands and Canary Islands. Updated taxonomy and bibliography. Diatom Monographs, 4: 1-639.

ÁCS É, ARI E, DULEBA M, et al., 2016. *Pantocsekiella* a new centric diatom genus based on morphological and genetic studies. Fottea, 16 (1): 56-78.

AGARDH C A, 1827. Aufzählung einiger in den östreichischen Ländern gefundenen neuen Gattungen und Arten von Algen, nebst ihrer Diagnostik und beigefügten Bemerkungen. Flora oder Botanische Zeitung, 625-640.

AGARDH C A, 1831. Conspectus criticus diatomacearum. Part 3. Lundae: Literis Berlingianus, 33-48.

ASAI K, 1996. Statistical classification of epilithic diatom species into three ecological groups relating to organic water pollution. (I) Method with coexistence index. Diatom, 10: 13-34.

BAHLS L L, 2006. Northwestern Diatoms. A photographic catalogue of species in the Montana Diatom Collection with exological optima, associates, and distribution records for the nine northwestern United States. Volume 3. Helena, Montana: Montana Diatom Collection, 1-24-481.

BAHLS L L, 2013. Northwestern Diatoms. Volume 5 Encyonopsis (Bacillariophyta, Cymbellaceae) from western North America: 31 species from Alberta, Idaho, Montana, Oregon, South Dakota, and Washington, incl. 17 species described as new. Helena, Montana: Montana Diatom Collection, 1-44.

BAHLS L, BOYNTON B, JOHNSTON B, 2018. Atlas of diatoms (Bacillariophyta) from diverse habitats in remote regions of western Canada. PhytoKeys, 105: 1-186.

BAHLS L, LUNA T, 2018. Diatoms from Wrangell-St. Elias National Park, Alaska, USA. Phytokeys, 113: 33-57.

BARBOUR E H, 1895. The diatomaceous deposits of Nebraska. Proceedings of the Nebraska Academy of Sciences, 5: 18-23.

BARINOVA S, KUKHALEISHVILI L, 2014. Diversity and ecology of algae and cyanobacteria in the Aragvi River, Georgia. The Journal of Biodiversity (Photon), 113: 305-338.

BORY D E, SAINT-VINCENT J B G M, 1824. Diatoma. In: Dictionnaire Classique d'Histoire Naturelle. CRA-D. Audouin I, et al., Eds. Vol. 5. Paris: Rey et Gravier; Baudouin Frères, 461.

BORY D E, SAINT-VINCENT J B G M, 1822. Dictionnaire classique d'histoire naturelle. Paris. Rey & Gravier, libraires-éditeure; Baudouin Frères, libraires-editeurs. Vol. 1.

BOYER C S, 1916. The Diatomaceae of Philadelphia and vicinity. Good Press, 1-143.

BUKHTIYAROVA L, 1999. Diatoms of Ukraine. Inland waters. Kyiv: National Academy of Sciences of Ukranine. M. G. Kholodny Institute of Botany, Kyiv, Ukranie, 133.

BUKHTIYAROVA L N, 2006. Additional data on the diatom genus *Karayevia* and a proposal to reject the genus *Kolbesia*. Beihefte zur Nova Hedwigia, 130: 85-96.

CANTONATI M, LANGE-BERTALOT H, ANGELI N, 2010. *Neidiomorpha* gen. nov. (Bacillariophyta): A new freshwater diatom genus separated from *Neidium* Pfitzer. Botanical Studies, 51: 195-202.

CLEVE P T, 1891. The diatoms of Finland. Acta Societatia pro Fauna et Flora Fennica, 8 (2): 1-68, 3 pls.

CLEVE P T, 1894a. Synopsis of the naviculoid diatoms. Part I. Kongliga Svenska Vetenskaps Akademiens Handlingar Series 4, 26 (2): 1-194, 5 pls.

CLEVE P T, 1894b. Les Diatomées de l'Equateur. Le Diatomiste, 2 (18): 99-103.

CLEVE P T, GRUNOW A, 1880. Beiträge zur Kenntniss der arctischen Diatomeen. Kongliga Svenska Vetenskaps-Akademiens Handlingar, 17 (2): 1-121, 7 pls.

COMPÈRE P, 2001. Ulnaria (Kutzing) Compere, a new genus name for *Fragilaria subgen.* Alterasynedra Lange-Bertalot with comments on the typification of Synedra Ehrenberg. Lange-Bertalot-Festschrift, 97-102.

COX E J, 2011. Morphology, cell wall, cytology, ultrastructure and morphogenetic studies. The diatom world. Dordrecht: Springer, 21-45.

CREMER H, WAGNER B, 2004. Planktonic diatom communities in High Arctic lakes (Store Koldewey, Northeast Greenland). Can J Bot, 82: 1744-1757.

DE TONI G B, 1891. Sylloge algarum omnium hucusque cognitarum. Vol. II. Sylloge Bacillariearum. Sectio I. Rhaphideae. Patavii: Sumptibus auctoris, 490.

DESMAZIÈRES J B H J, 1830. Plantes Cryptogames du nord de la France. 451–500.

Ector L, Hlúbiková D, 2010. Atlas des diatomées des Alpes-Maritimes et de la Région Provence-Alpes-Côte d'Azur. Belvaux, Luxembourg: Centre de Recherche Public Gabriel Lippmann, 393.

EHRENBERG C G, 1832. Über die Entwickelung und Lebensdauer der Infusionsthiere; nebst ferneren Beiträgen zu einer Vergleichung ihrer organischen Systeme. Abhandlungen der Königlichen Akademie Wissenschaften zu Berlin, Physikalische Klasse, 1831: 1–154.

EHRENBERG C G, 1836. Mittheilungen über fossile Infusionsthiere. Bericht über die zur Bekanntmachung geeigneten Verhandlungen der Königlich-Preussischen Akademie der Wissenschaften zu Berlin, 50–54.

EHRENBERG C G, 1837. Über ein aus fossilen Infusorien bestehendes, 1832 zu Brod verbacknes Bergmehl von den Grenzen Lapplands in Schweden. Bericht über die zur Bekanntmachung geeigneten Verhandlungen der Königlich-Preussischen Akademie der Wissenschaften zu Berlin Erster Jarhrgang, 43–45.

EHRENBERG C G, 1838. Die Infusionsthierchen als vollkommene Organismen. Ein Blick in das tiefere organische Leben der Natur. Leipzig: Verlag von Leopold Voss, 547.

EHRENBERG C G, 1843. Verbreitung und Einfluss des mikroskopischen Lebens in Süd- und Nord-Amerika. Abhandlungen der Königlichen Akademie derWissenschaften zu Berlin, 1841: 291–445.

EHRENBERG C G, 1845. Vorläufige zweite Mittheilung über die weitere Erkenntnifs der Beziehungen des kleinsten organischen Lebens zu den vulkanischen Massen der Erde. 133–157.

EHRENBERG C G, 1848. Mittheilung über vor Kurzem vom dem Preufs. Seehandlungs Schiffe, der Adler, aus Canton mitgebrachte verkäufliche, chinesische Blumen-Cultur-Erde, wiefs deren reiche Mischung mit mikroskopischen Organismen und verzeichniss 124 von ihm selbst beobachteten Arten chinesischer kleinster Lebensformen. Bericht über die zur Bekanntmachung geeigneten Verhandlungen der Königlich-Preussischen Akademie der Wis-senschaften zu Berl in 1847: 476–485.

EHRENBERG C G, 1849. Passatstaub und Blutregen. Ein grofses organisches unsichtbares

Wirken und Leben in der Atmosphäre. Abhandlungen der Königlichen Akademie der Wissenschaften zu Berlin, 1847: 269-460.

EHRENBERG C G, 1854. Mikrogeologie. Einundvierzig Tafeln mit über viertausend grossentheils colorirten Figuren, Gezeichnet vom Verfasser. Leipzig: Verlag von Leopold Voss, 31.

ESCHMEYER W N, 1998. Catalog of fishes. California Academy of Sciences.

FALKOWSKI P, SCHOLES R J, BOYLE E, et al., 2000. The global carboncycle: a test of our knowledge of earth as a system. Science, 290: 291-296.

FINLAY B J, 2002. Global dispersal of free-living microbial eukaryote species. Science, 296: 1061-1063.

FOURTANIER E, KOCIOLEK J P, 1999. Catalogue of diatom genera. Diatom Research, 14: 1-190.

FRY B, WAINRIGHT S C, 1991. Diatom sources of 13C-rich carbon in marine food webs. Marine Ecology Progress Series, 76: 149-157.

Gasse F, 1986. East African diatoms: taxonomy, ecological distribution. Bibliotheca Diatomologica, 11: 1-201.

GREGORY W, 1856. Notice of some new species of British fresh-water Diatomaceae. Quarterly Journal of Microscopical Science, New Series, 4: 1-14.

GREGORY-EAVES I, KEATLEY B E, 2010. The diatoms. Applications for the Environmental and Earth Sciences, 2nd Edition: Tracking fish, seabirds, and wildlife population dynamics with diatoms and other limnological indicators. Cambridge University Press, 497-513.

GRUNOW A, 1862. Die österreichischen Diatomaceen nebst Anschluss einiger neuen Arten von andern Lokalitäten und einer kritischen Uebersicht der bisher bekannten Gattungen und Arten. Verhandlungen der kaiserlich-königlichen zoologisch-botanischen Gesellschaft in Wien, 12: 315-472, 545-588.

HEIBERG P A C, 1863. Conspectus criticus diatomacearum danicarum. Kritisk oversigt over de danske Diatomeer. Kjøbenhavn: Wilhelm Priors Forlag, 1-135.

HOHN M H, HELLERMAN J, 1963. The taxonomy and structure of diatom populations from three eastern North American rivers using three sampling methods. Transactions of the American Microscopical Society, 82 (3): 250-329.

HOUK V, KLEE R, TANAKA H, 2010. Atlas of freshwater centric diatoms with a brief key and descriptions, Part Ⅲ., Stephanodiscaceae A, *Cyclotella*, *Tertiarius*, *Discostella*. Fottea, 10: 498.

HUSTEDT F, 1922. Bacillariales aus Innerasien. Gesammelt von Dr. Sven Hedin. In: S. Hedin ed., Southern Tibet, discoveries in former times compared with my own researches in 1906—1908. Stockholm, Lithographic Institute of the General Staff of the Swedish Army, 6: 107-152.

HUSTEDT F, 1927. Die Diatomeen der interstadialen Seekreide. In: H. Gams, Die Geschichte der Lunzer Seen, Moore und Wälder. Internationale Revue der gesamten Hydrobiologie, 18: 305-387.

HUSTEDT F, 1930. Bacillariophyta (Diatomeae) Zweite Auflage. In: Pascher A, ed. Die Süsswasser-Flora Mitteleuropas. Heft 10. Jena: Verlag von Gustav Fischer, 466.

HUSTEDT F, 1934. Die Diatomeenflora von Poggenpohls Moor bei Dötlingen in Oldenburg. Abhandlungen und Vorträgen der Bremer Wissenschaftlichen Gessellschaft, 8/9: 362-403.

HUSTEDT F, 1937. Die Kieselalgen Deutschlands, Österreichs und der Schweiz unter Berücksichtigung der übrigen Länder Europas sowie der angrenzenden Meeresgebiete. Bd. Ⅶ: Teil 2: Lieferung 5. In: Rabenhorsts Kryptogamen Flora von Deutschland, Österreich und der Schweiz. Leipzig: Akademische Verlagsgesellschaft, 577-736.

JAHN R, MANN D G, EVANS K M, et al., 2008. The identity of *Sellaphora bacillum* (Ehrenberg) D. G. Mann. Fottea, 8 (2): 121-124.

JOVANOVSKA E, LEVKOV Z, 2020. The genus *Diploneis* in the Republic of Northern Macedonia. In: Lange-Bertalot H ed. Diatoms of Europe. Diatoms of European inland water and comparable habitats. Freshwater *Diploneis* Two studies. 527-689, 691-699.

JULIUS M L, 2007. Perspectives on the evolution and diversification of the diatoms. The Paleontological Society Papers, 13: 1-12.

JÜTTNER I, COX E J, 2011. *Achnanthidium pseudoconspicum* comb. nov.: morphology and ecology of the species and a comparison with related taxa. Diatom Research, 26 (1): 21–28.

KELLY J R, DAVIS C S, CIBIK S J, 1998. Conceptual food web model for Cape Cod Bay, with associated environmental interactions. Boston: Massachusetts Water Resources Authority. Report ENQUAD 98–04.

KIRCHNER O, 1878. Algen. In: Kryptogamen-Flora von Schlesien. Part 1. Vol. 2. Breslau: J. U. Kern's Verlag, Cohn F Ed. 1–284.

KOBAYASI H, 1997. Comparative studies among four linear-lanceolate *Achnanthidium* species (Bacillariophyceae) with curved terminal raphe endings. Nova Hedwigia, 65: 147–164.

KOBAYASI H, MAYAMA S, 1986. *Navicula pseudacceptata* sp. nov. and validation of *Stauroneis japonica* H. Kob. Diatom, 2: 95–101.

KOCIOLEK J P, 2007. Diatoms: unique eukaryotic extremophiles providing insights into planetary change. International Society for Optics and Photonics, 6694: 66940S–66940S-15.

KOCIOLEK J P, SPAULDING S A, 2000. Freshwater diatom biogeography. Nova Hedwigia, 71: 223–241.

KOCIOLEK J P, SPAULDING S A, 2003. General introduction to the diatoms. In: Wehr J, Sheath R, eds. Freshwater Algae of North America. Academic Press. Chapter 15, 559–562.

KOCIOLEK J P, YOU Q M, STEPANEK J G, et al., 2016. New freshwater diatom genus, Edtheriotia gen. nov. of the Stephanodiscaceae (Bacillariophyta) from south-central China. Phycological Research, 64: 274–280.

KOLKWITZ R, MARSSON M, 1908. Ökologie der pflanzliche Saprobien. Berichte der Deutsche Botanische Gesellschaften, 26: 505–519.

Krammer K, 1997a. Die cymbelloiden Diatomeen Teil 1 Allgemeines und Encyonema Part. Bibl. Diat. Band 36: 382.

KRAMMER K, 1997b. Die cymbelloiden Diatomeen Teil 2 Encyonema Part., Encyonopsis and Cymbellopsis. Bibl. Diat. Band 37: 469.

KRAMMER K, 2000. The genus *Pinnularia*. In: Diatoms of the European inland waters and comparable habitats. Vol 1. Ruggell: A. R. G. Gantner Verlag K. G, 703.

KRAMMER K, 2002. *Cymbella*. In: Diatoms of Europe, diatoms of the European inland waters and comparable habitats. Vol. 3. Ruggell: A. R. G. Gantner Verlag K. G, 1-584.

KRAMMER K, 2003. *Cymbopleura*, *Delicata*, *Navicymbula*, *Gomphocymbellopsis*, *Afrocymbella*. In: Diatoms of Europe, Diatoms of the European Inland waters and comparable habitats. Vol. 4. Rugell: A. R. G. Gantner Verlag K. G, 529.

KRAMMER K, LANGE-BERTALOT H, 1985. Naviculaceae Neue und wenig bekannte Taxa, neue Kombinationen und Synonyme sowie Bemerkungen zu einigen Gattungen. Bibliotheca Diatomologica 9: 230.

KRAMMER K, LANGE-BERTALOT H, 1986. Bacillariophyceae 1 Teil: Naviculaceae. In: Süßwasserflora von Mitteleuropa. Band 2/1. 876.

KRAMMER K, LANGE-BERTALOT H, 1997. Bacillariophyceae 2 Teil: Epithemiaceae, Surirellaceae. In: Süßwasserflora von Mitteleuropa. Band 2/2. 610.

KRAMMER K, LANGE-BERTALOT H, 2000. Bacillariophyceae. 3. Teil: Centrales, Fragilariaceae, Eunotiaceae. Süßwasser flora von Mitteleuropa. Band 2/3. Heidelberg: Spektrum Akademischer Verlag, 599.

KRAMMER K, LANGE-BERTALOT H, 2004. Bacillariophyceae. 4. Teil: Achnanthaceae. Kritische Ergänzungen zu *Navicula* (Lineolatae) und *Gomphonema*. Gesamtliteraturverzeichnis. Band 2/4. Heidelberg: Spektrum Akademischer Verlag, 468.

KRASSKE G, 1923. Die Diatomeen des Casseler Beckens und seiner Randgebirge nebst einigen wichtigen Funden aus Niederhessen. Botanisches Archiv, 3: 185-209.

KREBS W N, GLADENKOV A Y, Jones G D, 2010. The diatoms. Applications for the Environmental and Earth Sciences, 2nd Edition: Diatoms in oil and gas exploration. Cambridge University Press, 523-533.

KULIKOVSKIY M S, GENKAL S I, MIKHEYEVA T M, 2011. New data on the Bacillariophyta of Belarussia. 2. Fam. Fragilariaceae (Kütz.) De Tony, Diatomaceae Dumont. and Tabellariaceae F. Schütt. Algologia, 21: 357-373.

KULIKOVSKIY M S, LANGE-BERTALOT H, METZELTIN D et al., 2012. Lake Baikal:

Hotspot of endemic diatoms I. In: Lange-Bertalot H, ed. Iconographia Diatomologica, 23: 1-861.

KULIKOVSKIY M, MALTSEV Y, ANDREEVA S, et al., 2019. Description of a new diatom genus *Dorofeyukea* gen. nov. with remarks on phylogeny of the family Stauroneidaceae. Journal of Phycology, 55 (1): 173-185.

KUSBER W-H, CANTONATI M, LANGE-BERTALOT H, 2017. Validation of five diatom novelties published in "Freshwater Benthic Diatoms of Central Europe" and taxonomic treatment of the neglected species Tryblionella hantzschiana. Phytotaxa, 328 (1): 90-94.

KÜTZING F T, 1844. Die Kieselschaligen Bacillarien oder Diatomeen. Nordhausen: zu finden bei W. Köhne, 152.

KÜTZING F T, 1846. Kurze Mittheilung uber einige kieselschalige Diatomeen. Botanische Zeitung, 4 (14): 247-248.

KÜTZING F T, 1849. Species algarum. Lipsiae F. A. Brockhaus, 922.

LANGE-BERTALOT H, 1980a. Zur systematischen Bewertung der bandförmigen Kolonien bei Navicula und Fragilaria. Kriterien für die Vereinigung von Synedra (subgen. *Synedra*) Ehrenberg mit Fragilaria Lyngbye. Nova Hedwigia, 33: 723-787.

LANGE-BERTALOT H, 1980b. New species, combinations and synonyms in the genus *Nitzschia*. Bacillaria, 3: 41-77.

LANGE-BERTALOT H, 1993. 85 neue Taxa und über 100 weitere neu definierte Taxa ergänzend zur Süsswasserflora von Mitteleuropa, Vol. 2/1-4. 85 New Taxa and much more than 100 taxonomic clarifications supplementary to SüBwasserflora von Mitteleuropa Vol. 2/ 1-4. Bibliotheca Diatomologica 27: 1-454.

LANGE-BERTALOT H, 1999. Neue Kombinationen von Taxa aus *Achnanthes* Bory (sensu lato). Iconographia Diatomologica, 6: 270-283.

LANGE-BERTALOT H, 2001. *Navicula* sensu stricto. Diatom of Europe, 2: 526.

LANGE-BERTALOT H, CAVACINI P, TAGLIAVENTI N, et al., 2003. Diatoms of *Sardinia*. Iconographia diatomologica, 12: 1-438.

LANGE-BERTALOT H, 2016. Diatoms of Europe. Vol. 8: The diatom genus *Gomphonema* in the Republic of Macedonia. Koenigstein: Koeltz Scientific Books, 552.

LANGE-BERTALOT H, FUHRMANN A, 2016. Contribution to the genus *Diploneis* (Bacillariophyta): twelve species from Holarctic freshwater habitats proposed as new to science. Fottea, Olomouc, 16 (2): 157-183.

LANGE-BERTALOT H, GENKAL S I, 1999. Diatoms from Siberia I-Islands in the Arctic Ocean (Yugorsky-Shar Strait) . Iconographia Diatomologica, 6: 941.

LANGE-BERTALOT H, GENKAL S I, VECHOV N V, 2004. New freshwater species of Bacillariophyta. Biologiia Vnutrennikh Vod (Biology of Inland Waters), Informatisii Biulleten, 4: 12-17.

LANGE-BERTALOT H, HOFMANN G, WERUM M, et al., 2017. Freshwater benthic diatoms of Central Europe: over 800 common species used in ecological assessments. English edition with updated taxonomy and added species. Schmitten-Oberreifenberg: Koeltz Botanical Books, 942.

LANGE-BERTALOT H, METZELTIN D, 1996. Indicators of oligotrophy. 800 taxa representative of three ecologically distinct lake types, carbonate buffered-Oligodystrophic-weakly buffered soft water with 2428 figures on 125 plates. Oligotrophie-Indikatoren. 800 Taxa repräsentativ für drei diverse Seen-Typen: Kalkreich-Oligodystroph-Schwach gepuffertes Weichwasser mit 2428 Figuren auf 125 Tafeln. Iconographia Diatomologica, 2: 390.

LANGE-BERTALOT H, MOSER G, 1994. Brachysira. Monographie der Gattung und *Naviculadicta* nov. gen. Biblioteca Diatomologica, 29: 1-212.

LEIRA M, LÓPEZ-RODRÍGUEZ Z M DEL C, CARBALLEIRA R, 2017. Epilithic diatoms (Bacillariophyceae) from running waters in NW Iberian Peninsula (Galicia, Spain). Anales del Jardín Botánico de Madrid, 74 (2): eO62: 1-24.

LETERME S C, ELLIS A V, MITCHELL J G, et al., 2010. Morphological flexibility of *Cocconeis placentula* (Bacillariophycea) nanostructure to changing salinity levels (Note). Phycology, 46 (4): 715-719.

LEVKOV Z, 2009. Amphora sensu lato. In: Diatoms of Europe: Diatoms of the European Inland Waters and Comparable Habitats. Vol. 5. Ruggell: A. R. G. Gantner Verlag

K. G, 5–916.

LEVKOV Z, KRSTIC S, METZELTIN D, et al., 2007. Diatoms of Lakes Prespa and Ohrid, about 500 taxa from ancient lake system. Iconographia Diatomologica, 16: 1–613.

LEVKOV Z, METZELTIN D, PAVLOV A, 2013. *Luticola* and *Luticolopsis*. In: Diatoms of Europe. Diatoms of the European inland waters and comparable habitats. Vol. 7. Königstein: Koeltz Scientific Books, 1–698.

LEVKOV Z, MITIC-KOPANJA D, REICHARDT E, 2016. The diatom genus *Gomphonema* in the Republic of Macedonia. In: Diatoms of Europe. Diatoms of the European inland waters and comparable habitats. Oberreifenberg: Koeltz Botanical Books, 8: 1–552.

LEVKOV Z, WILLIAMS D M, 2011. Fifteen new diatom (Bacillariophyta) species from Lake Ohrid, Macedonia. Phytotaxa, 30: 1–41.

LIU Q, CUI N, FENG J, et al., 2021. *Gomphonema* Ehrenberg species from the Yuntai Mountains, Henan Province, China. Journal of Oceanology and Limnology, 39 (3): 1042–1062.

LIU Q, KOCIOLEK J P, YOU Q et al., 2017. The diatom genus *Neidium* Pfitzer (Bacillariophyceae) from Zoigê Wetland, China. Morphology, taxonomy, descriptions. Bibliotheca Diatomologica, 63: 120.

LIU Q, LI J, FENG J, et al., 2021. *Encyonema oblonga* (Bacillariophyta, Cymbellaceae), a new species from Shanxi Province, China. Phytotaxa, 480 (3): 284–290.

LIU Q, WU W, WANG J, et al., 2017. Valveultrastructure of *Nitzschia shanxiensis* nom. nov., stat. nov. and N. tabellaria (Bacillariales, Bacillariophyceae), with comments on their systematic position. Phytotaxa, 312 (2): 228–236.

MANN D G, POULÍCKOVÁ A, 2010. Mating system, auxosporulation, species taxonomy and evidence for homoploid evolution in *Amphora* (Bacillariophyta) . Phycologia, 49: 183–201.

MARQUARDT G C, COSTA L F, BICUDO D C, et al., 2017. Type analysis of *Achnanthidium minutissimum* and *A. catenatum* and description of *A. tropicocatenatum* sp. nov. (Bacillariophyta), a common species in Brazilian reservoirs. Plant Ecology and Evolution, 150 (3): 313-330.

MAYAMA S, IDEI M, OSADA K, et al., 2002. Nomenclatural changes for 20 diatom taxa occurring in Japan. Diatom, The Japanese Journal of Diatomology, 18: 89-91.

MEDLIN L K, KACZMARSKA I, 2004. Evolution of the diatoms: V. Morphological and cytological support for the major clades and a taxonomic revision. Phycologia, 43: 245-270.

MEISTER F, 1912. Die Kieselalgen der Schweiz. Beitrage zur Kryptogamenflora der Schweiz. Matériaux pour la flore cryptogamique suisse. Vol. IV, fasc. 1. Bern: Druck und Verlag von K. J. Wyss, 254.

MERESCHKOWSKY C, 1902. On *Sellaphora*, a new genus of diatoms. Annals and Magazine of Natural History, 9: 185-195 .

METZELTIN D, GARCÍA-RODRÍGUEZ F, 2012. Las diatomeas Uruguayas Segunda edición. DIRAC Facultad de Ciencias, Universidad de la República, Uruguay, 207.

METZELTIN D, LANGE-BERTALOT H, 1998. Tropische diatomeen in Südamerika : 700 überwiegend wenig bekannte oder neue Taxa repräsentativ als Elemente der neotropischen Flora. Koeltz Scientific Books.

METZELTIN D, LANGE-BERTALOT H, GARCÍA-RODRÍGUEZ F, 2005. Diatoms of Uruguay. Iconographia Diatomologica, 15: 1-736.

METZELTIN D, LANGE-BERTALOT H, NERGUI S, 2009. Diatoms in Mongolia. Iconographia diatomologica, 20: 1-686.

MORALES E A, 2005. Observations of the morphology of some known and new fragilarioid diatoms (Bacillariophyceae) from rivers in the USA. Phycological Research, 53 (2): 113-133.

MORALES E A, 2006. Small Planothidium Round et Bukhtiyarova (Bacillariophyceae) taxa related to P. daui (Foged) Lange-Bertalot from the United States. Diatom Research, 21 (2): 325-342.

MORALES E A, EDLUND M B, 2003. Studies in selected fragilarioid diatoms (Bacillariophyceae) from Lake Hovsgol, Mongolia. Phycological Research, 51 (4): 225-239.

MOSER G, LANGE-BERTALOT H, METZELTIN D, 1998. Insel der Endemiten Geobotanisches Phänomen Neukaledonien (Island of endemics New Caledonia–a geobotanical phenomenon). Bibliotheca Diatomologica, 38: 1–464.

Nagy S S, 2011. Collecting, Cleaning, Mounting, and Photographing Diatoms. In: *The diatom world* 2011, edited by Joseph Seckbach & J. Patrick Kociolek. New York: Springer Dordrecht Heidelberg London New York., 521.

NAKOV T, GUILLORY W X, JULIUS M L, et al., 2015. Towards a phylogenetic classification of species belonging to the diatom genus *Cyclotella* (Bacillariophyceae): Transfer of species formerly placed in *Puncticulata*, *Handmannia*, *Pliocaenicus* and *Cyclotella* to the genus *Lindavia*. Phytotaxa, 217 (3): 249–264.

NIKOLAEV V L, HARWOOD D M, 2002a. Diversity and system of classification centric diatoms, In: A. Economu-Amilli, ed. Proceedings of the 16th International Diatom Symposium, Universityof Athens, 127–152.

NIKOLAEV V L, HARWOOD D M, 2002b. Diversity and classification of centric diatoms, In: Witkowski A and Siemińska J, eds. The Origin and Early Evolution of Diatoms. W. Safer Institute of Botany, Polish Academy of Sciences, Cracow, 37–53.

PATRICK R M, 1945. A taxonomic and ecological study of some diatoms from the Pocono Plateau and adjacent regions. Farlowia, 2 (2): 143–221.

PATRICK R, 1949. A proposed biological measure of stream conditions based on a survey of the Conestoga Basin, Lancaster County, Pennsylvania. Proceedings of the Academy of Natural Sciences of Philadelphia, 101: 277–341.

PATRICK R, REIMER C W, 1966. The diatoms of the United States. Vol. 1. Monographs of the Academy of Natural Sciences of Philadelphia, 13: 688.

PATRICK R M, REIMER C W, 1975a. The Diatoms of the United States exclusive of Alaska and Hawaii. Vol. 2. Part 1. Entomoneidaceae, Cymbellaceae, Gomphonemaceae, Epithemiaceae. Philadelphia: Academy of Natural Sciences, 1–213.

PATRICK R, REIMER C W, 1975b. The Diatoms of the United States. The Academy of Natural Science of Philadephia, 2 (1): 179–194.

PETERSEN J B, 1928. The aërial algae of Iceland. In: The botany of Iceland, Vol. Ⅱ. Part Ⅱ, 328–447.

PETERSEN J B, 1938. Fragilaria intermedia-Synedra Vaucheriae? Botaniska Notiser, (1-3): 164-170.

PFITZER E, 1871. Untersuchungen über Bau und Entwickung der Bacillariaceen (Diatomaceen). Botanische. Abhandlungen aus dem Gebiet der Morphologie und Physiologie, 1: 1-189.

RABENHORST L, 1853. Die Süsswasser-Diatomaceen (Bacillarien.): für Freunde der Mikroskopie. Leipzig: Eduard Kummer, 72.

RABENHORST L, 1864. Flora europaea algarum aquae dulcis et submarinae. Sectio I. Algas diatomaceas complectens, cum figuris generum omnium xylographice impressis. Lipsiae: Apud Eduardum Kummerum, 1-359.

REICHARDT E, 1985. Diatomeen an feuchten Felsen Sudlichen Frankenjuras. Berichte der Bayerischen Botanischen Gessellschaft (zur Erforschung der heimischen Flora), 56: 167-187.

REICHARDT E, 2009. Silikatauswüchse an der inneren Stigmenöffnungen bei Gomphonema-Arten. Diatom Research, 24 (1): 159-173.

REICHARDT E, 2018. Die Diatomeen im Gebiet der Stadt Treuchtlingen. Bayerische Botanische Gesellschaft [Selbstverlag der Gesellschaft], München, 576 (Band 1); 579-1184.

REICHARDT E, LANGE-BERTALOT H, 1991. Taxonomische Revision des Artencomplexes um *Gomphonema angustum-G. dichotomum-G. intricatum-G.* vibrio und ahnliche Taxa (Bacillariophyceae). Nova Hedwigia, 53 (3-4): 519-544.

ROUND F E, BUKHTIYAROVA L, 1996. Four new genera based on *Achnanthes* (*Achnanthidium*) together with a re-definition of *Achnanthidium*. Diatom Research, 11 (2): 345-361.

ROUND F E, CRAWFORD R M, MANN D G, 1990. The diatoms biology and morphology of the genera. Cambridge: Cambridge University Press, 747.

RUMRICH U, LANGE-BERTALOT H, RUMRICH M, 2000. Diatomeen der Anden von Venezuela bis Patagonien/Feuerland und zwei weitere Beiträge. Iconographia Diatomologica, 9: 1-673.

SCHMIDT A, 1875. Atlas der Diatomaceen-kunde. Series I: Heft 7: 25-28.

Schoeman F R, 1970. Diatoms from the Orange Free State, South Africa, and Lesotho Ⅰ. In: Diatomaceae Ⅱ. Beihefte zur Nova Hedwigia, 31: 331-382.

SCHÜTT F, 1896. Bacillariales. In: A. Engler and Prantl K, eds. Die natürlichen Pflanzenfamilien nebstihren Gattungen und wichtigeren Arten. I. Teil. 1. Abteilung b: Gymnodiniaceae, Prorocentricaceae, Peridiniaceae, Bacillariaceae. Wilhelm Engelmann, Leipzig, 31-150.

SIMONSEN R, 1979. The diatom system: ideas on phylogeny. Bacillaria, 2: 9-71.

SIMONSEN R, 1987. Atlas and catalogue of the diatom types of Friedrich Hustedt. J. Cramer, Stuttgart, vol. 3

SKUJIA H, 1937. Algae. Symbolae Sinicae: botanische Ergebnisse der Expedition der Akademie der Wissenschaften in Wein nach Sudwest-China, 1914—1918. Wien, 1: 1-105.

SKVORTZOW B W, 1929. A contribution to the Algae, Primorsk District of Far East, U. S. S. R. Diatoms of Hanka Lake. Memoirs of the Southern Ussuri Branch of the State Russian Geographical Society. 66.

SKVORTZOW B W, 1936. Diatoms from Kijaki Lake, Honshu Island, Nippon. Philippine Journal of Science, 61 (1): 9-73.

SKVORTZOW B W, 1938a. Diatoms from Argun River, Hsing-An-Pei Rrovince, Manchoukuo. Philippine Journal of Science, 66: 43-74.

SKVORTZOW B W, 1938b. Diatoms from a mountain bog, Kaolingtze, Pinchiangsheng Province, Manchoukuo. Philippine Journal of Science, 66 (3): 343-362.

SKVORTZOW B W, 1938c. Diatoms from Chengtu, Szechwan, Western China. Philippine Journal of Science, 66 (4): 479-496.

SMITH W, 1853. A synopsis of the British Diatomaceae; with remarks on their structure, function and distribution; and instructions for collecting and preserving specimens. The plates by Tuffen West. In two volumes. Vol. 1. London: John van Voorst, 89.

SMITH W, 1856. A synopsis of the British Diatomaceae; with remarks on their structure, functions and distribution; and instructions for collecting and preserving specimens. Vol. 2. London: John van Voorst, 107.

SMITH L, 1872. Conspectus of the families and genera of the Diatomaceae. Lens 1: 1-93.

TAYLOR J C, HARDING W R, ARCHIBALD C G M, 2007. An illustrated guide to some common diatom species from South Africa. Report to the Water Research Commission, 7: 1-12.

TELFORD R J, VANDVIK V, BIRKS H J B, 2006. Dispersal limitations matter for microbial morphospecies. Science, 312: 1015.

THERIOT E C, CANNONE J J, GUTELL R R, et al., 2009. The limits of nuclearencoded SSU rDNA for resolving the diatom phylogeny. European Journal of Phycology, 44: 277-290.

UEYAMA S, KOBAYSHI H, 1986. Two *Gomphonema* species with strongly capitate apices: G. *sphaerophorum* Ehr. and G. *pseudosphaerophorum* sp. nov. Proceedings of the International Diatom Symposium, 9: 449-458.

VAN HEURCK H, 1880. Synopsis des Diatomées de Belgique Atlas. Anvers: Ducaju et Cie, pls I-XXX.

VAN HEURCK H, 1896. A Treatise on the Diatomaceae. Translated by W. E. Baxter. William Wesley & Son, London, 558.

WERUM M, LANGE-BERTALOT H, 2004. Diatoms in springs from Central Europe and elsewhere under the influence of hydrologeology and anthropogenic impacts. Iconographia Diatomologica, 13: 3-417.

WILLIAMS D M, 2012. Diatoma moniliforme: commentary, relationships and an appropriate name. Nova Hedwigia Beiheft, 14: 255-261.

WILLIAMS D M, KOCIOLEK J P, 2011. An overview of diatom classification with some prospects for the future. Cellular origin, life in extreme habitats and astrobiology, 19: The diatom world, 521.

WILLIAMS D M, ROUND F E, 1988. Revision of the genus Fragilaria. Diatom Research, 2: 267-288.

WOJTAL A Z, 2013. Species composition and distribution of diatom assemblages in spring waters from various geological formations in southern Polanda. Bibliotheca Diatomologica, 59: 1-436.

WU J T, 1999. A generic index of diatom assemblages as bioindicator of pollution in the Keelung River of Taiwan. Hydrobiolofia, 397: 79-87.

图　　版

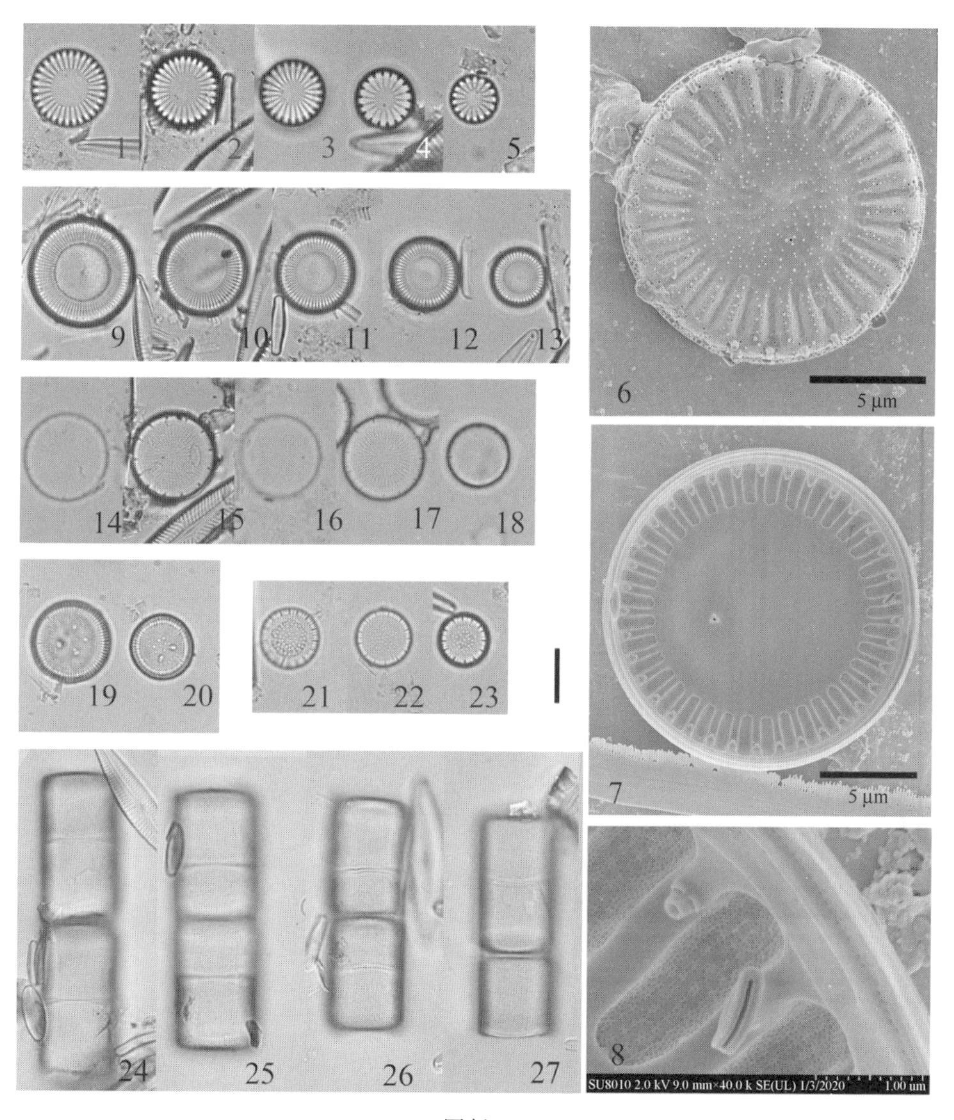

图版 1

1–8. 梅尼小环藻（*Cyclotella meneghiniana*）；9–13. 分歧小环藻（*C. distinguenda*）；
14–18. 山西塞氏藻（*Edtheriotia shanxiensis*）；19–20. 眼斑蓬氏藻（*Pantocsekiella ocellata*）；
21–23. 省略林代藻（*Lindavia praetermissa*）；24–27. 变异直链藻（*Melosira varians*）
（除 6–7；其他标尺为 10 μm）

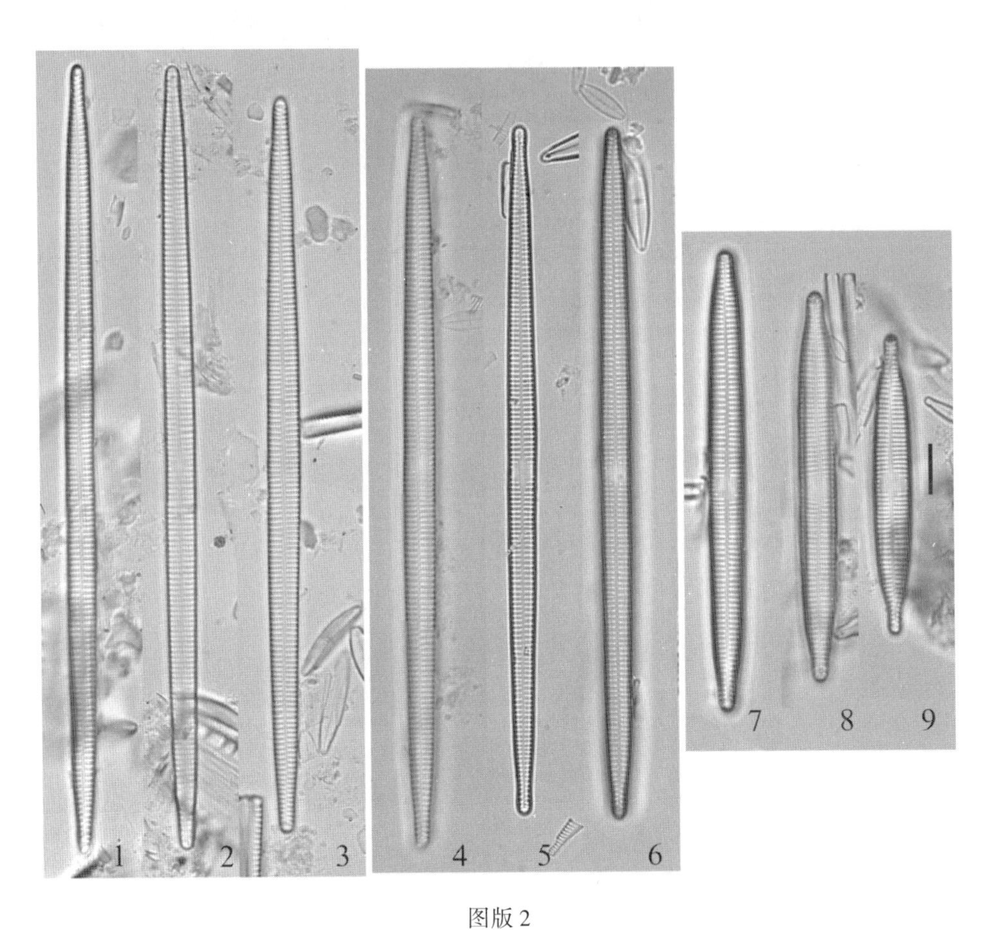

图版 2

1-9. 肘状肘形藻（*Ulnaria ulna*）（标尺为 10 μm）

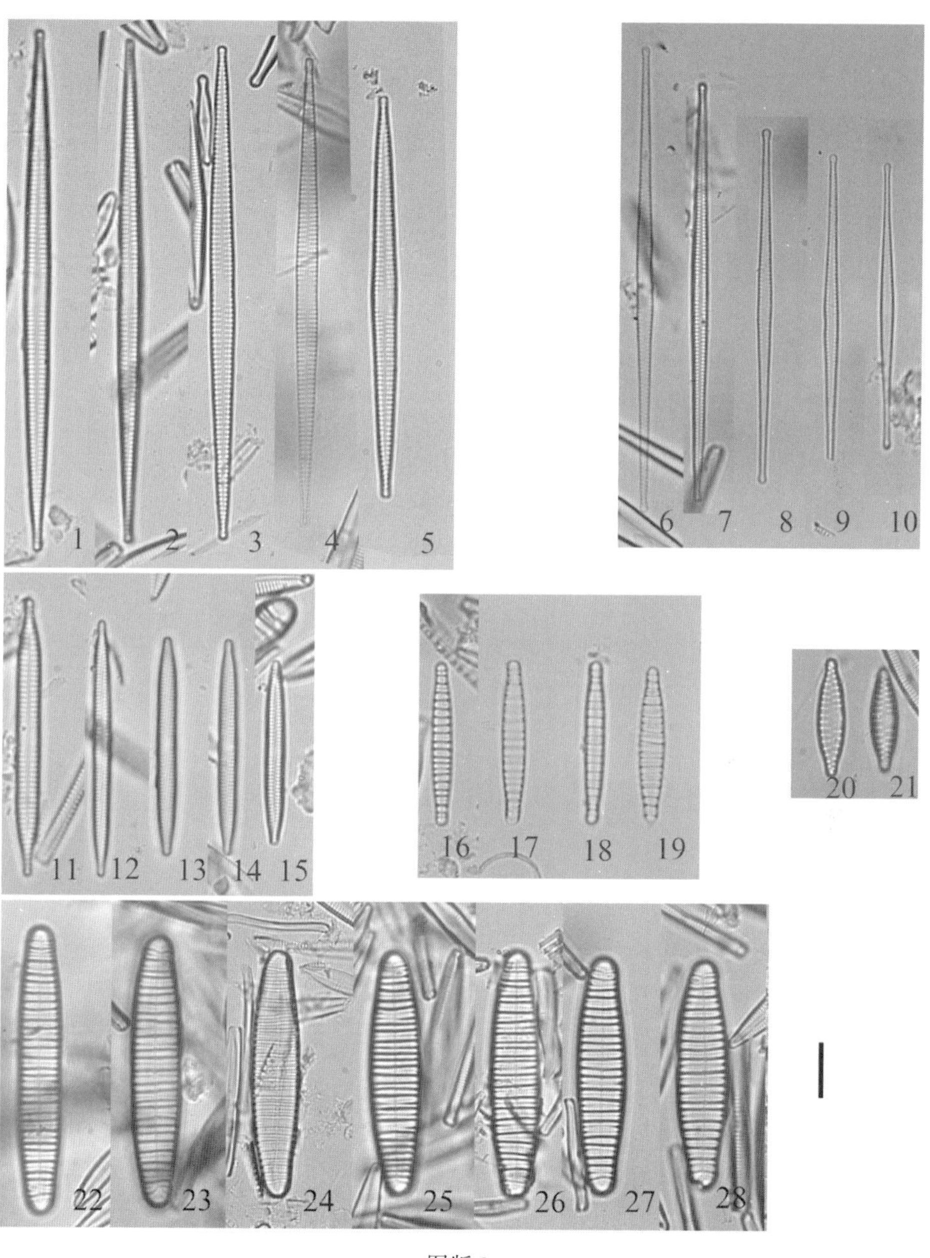

图版 3

1-5. 尖针杆藻（*Synedra acus*）；6-10. 柔嫩脆杆藻（*Fragilaria tenera*）；11-15. 钝脆杆藻（*F. capuccina*）；16-19. 念珠状等片藻（*Diatoma moniliformis*）；20-21. 沃切里脆杆藻（*Fragilaria vaucheriae*）；22-28. 普通等片藻（*Diatoma vulgaris*）（标尺为 10 μm）

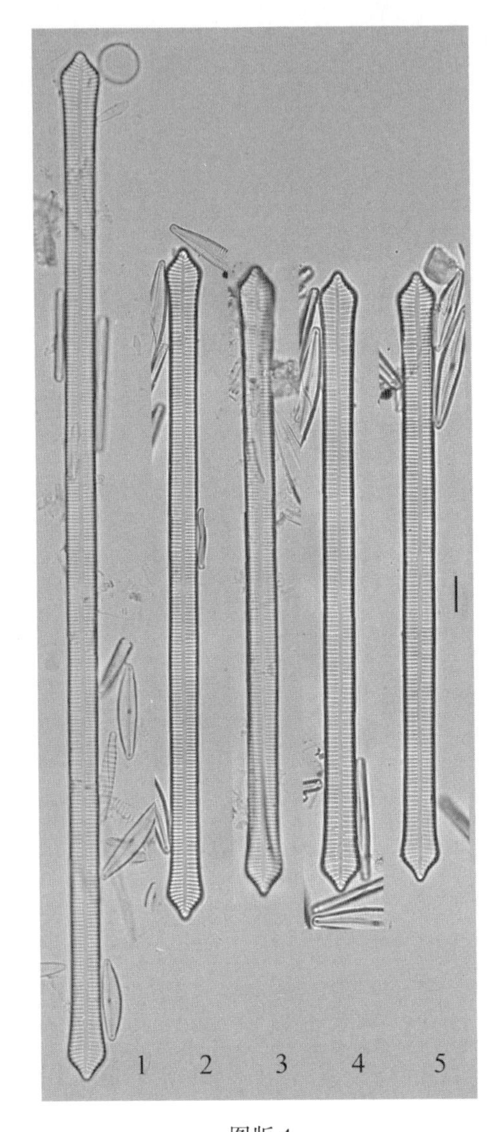

图版 4

1-5. 头状肘形藻（*Ulnaria capitata*）（标尺为 10 μm）

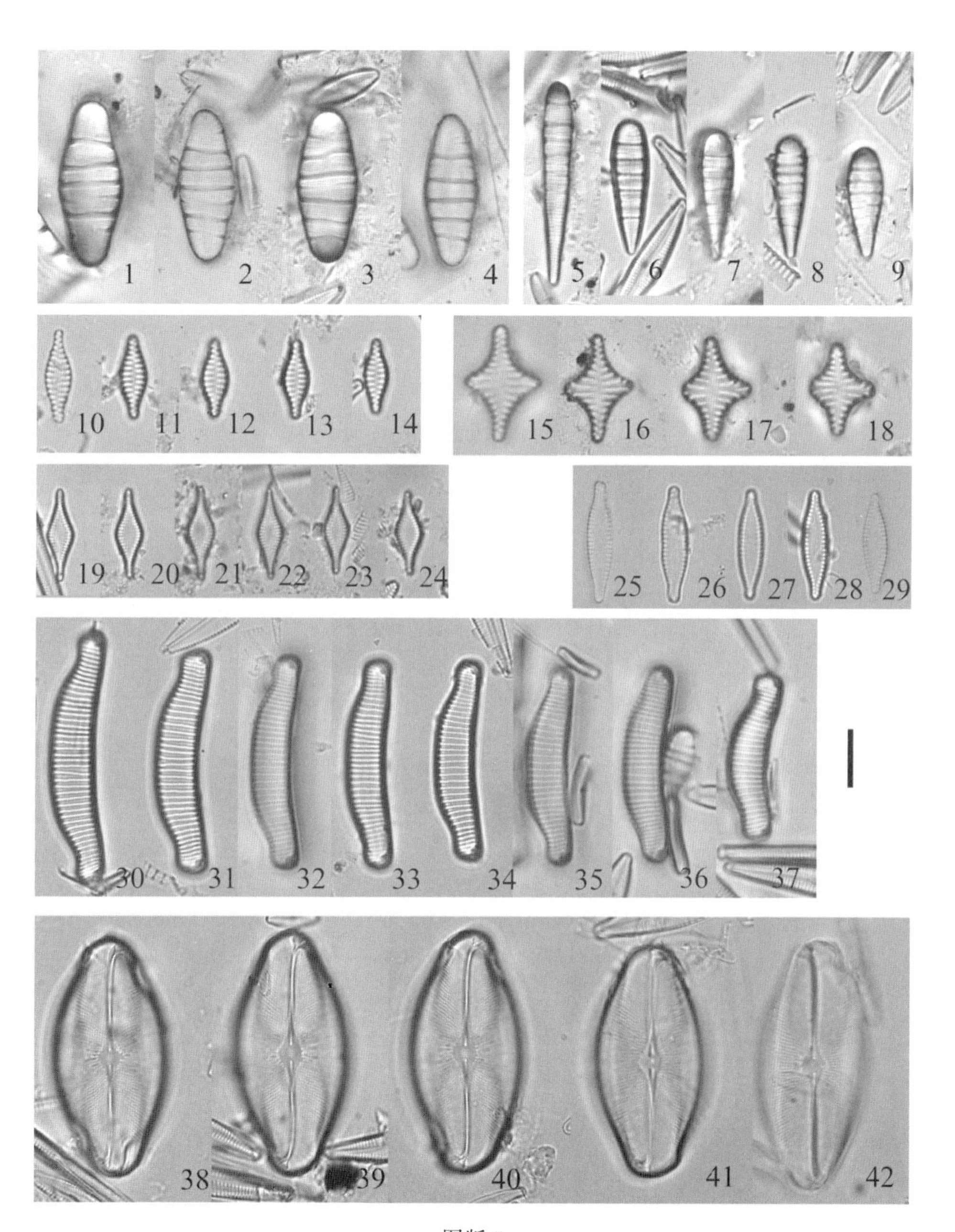

图版 5

1-4. 中型粗肋藻（*Odontidium mesodon*）；5-9. 环状扇形藻（*Meridion circulare*）；10-14. 奥尔登堡窄十字脆杆藻（*Staurosirella oldenburgiana*）；15-18. 狭辐节十字脆杆藻（*Staurosira leptostauron*）；19-24. 寄生假十字脆杆藻（*Pseudostaurosira parasitica*）；25-29. 短纹假十字脆杆藻（*P. brevistriata*）；30-37. 弧形短缝藻（*Eunotia arcus*）；38-42. 弯曲真卵形藻（*Eucocconeis flexella*）（标尺为 10 μm）

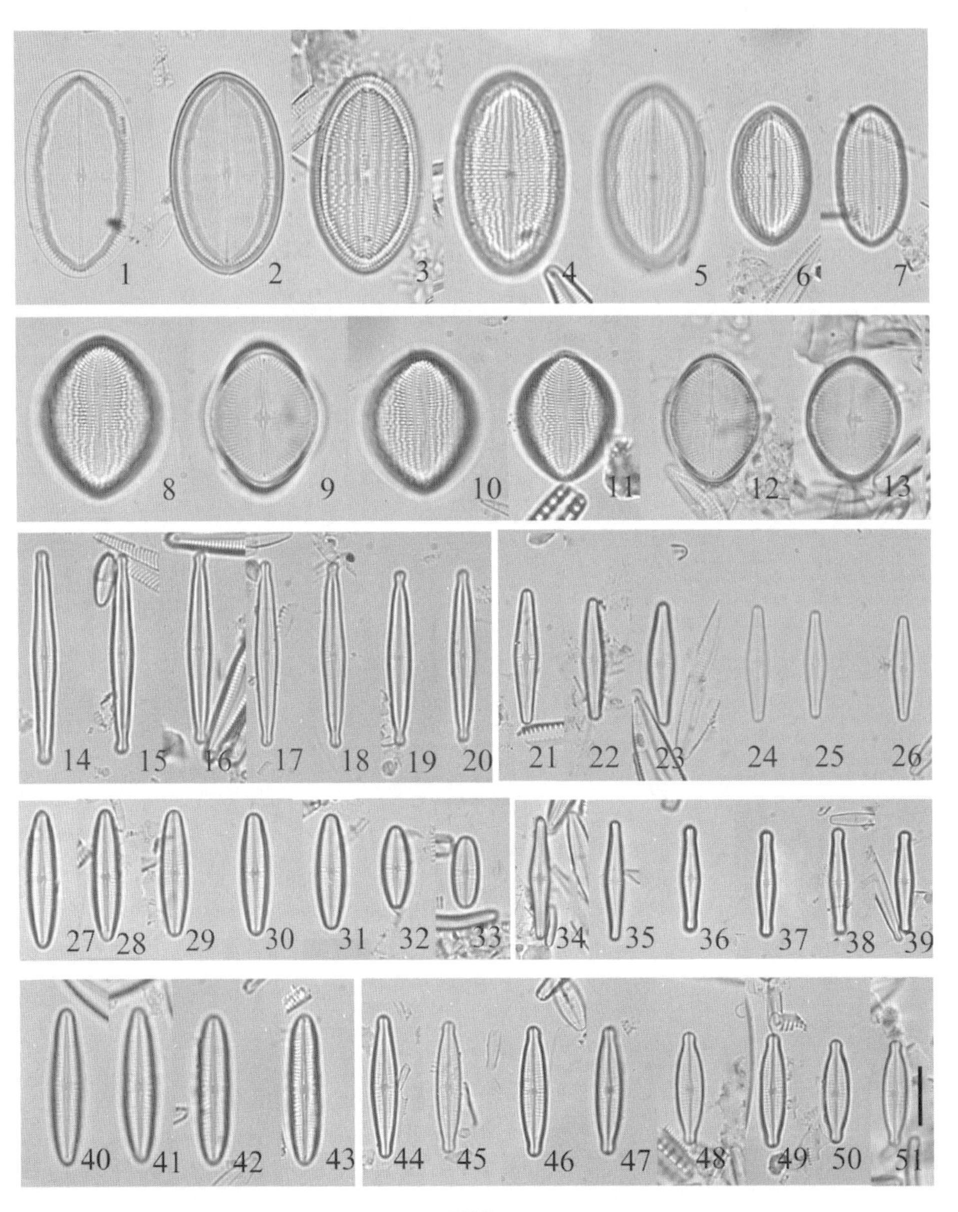

图版 6

1-7. 扁圆卵形藻（*Cocconeis placentula*）；8-13. 柄卵形藻（*C. pediculus*）；14-20. *Achnanthidium* sp.；21-26. 细曲丝藻（*Achnanthidium exile*）；27-33. 庇里牛斯曲丝藻（*A. pyrenaicum*）；34-39. 链状曲丝藻（*A. catenatum*）；40-43. 亚显曲丝藻（*A. pseudoconspicuum*）；44-51. 纤细曲丝藻（*A. gracillimum*）（标尺为 10 μm）

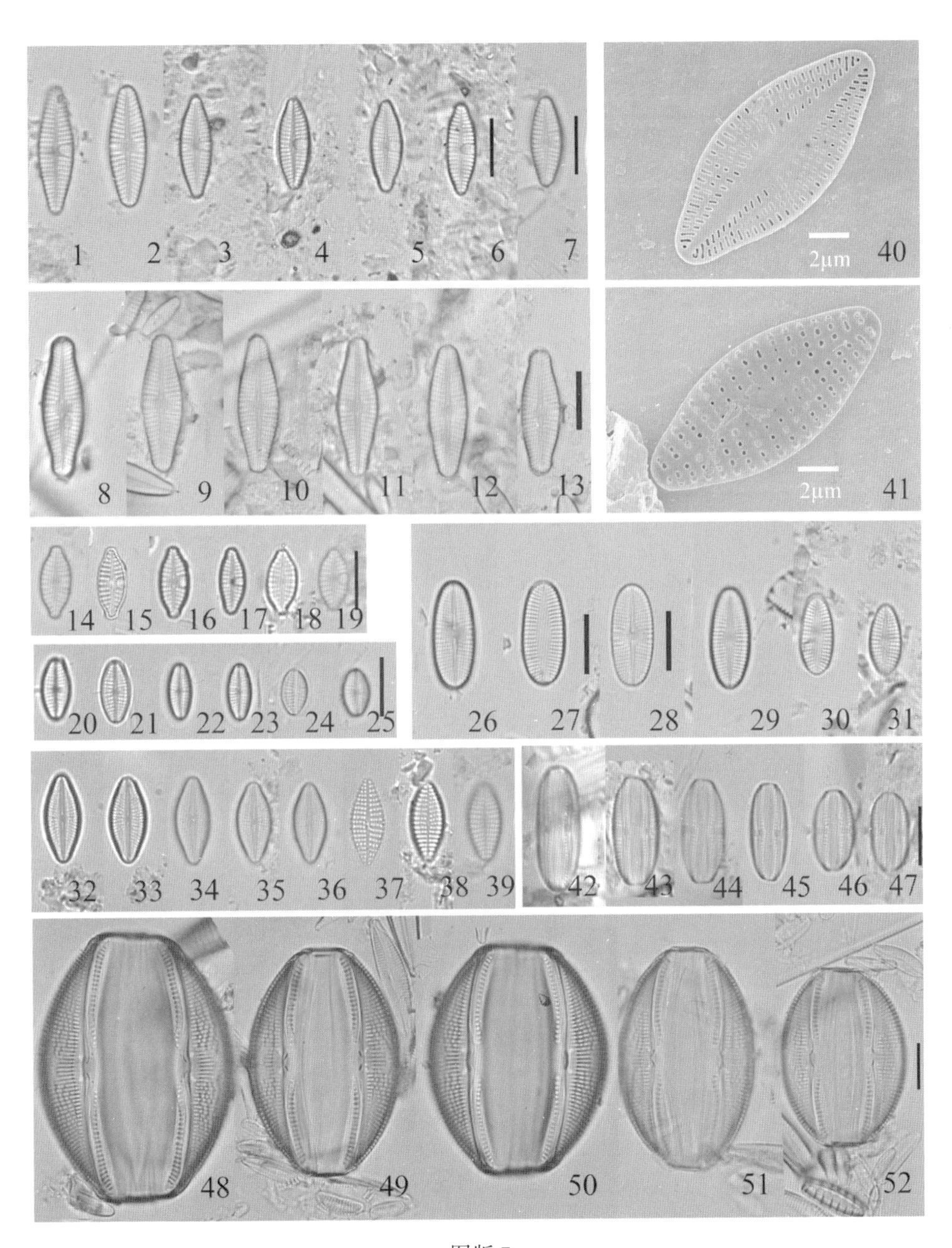

图版 7

1-7. 频繁平丝藻（*Planothidium frequentissima*）；8-13. 披针平丝藻（*P. lanceolatum*）；14-19. 不定平丝藻（*P. dubium*）；20-25. 极细平丝藻（*P. minutissimum*）；26-31. 喜酸沙生藻（*Psammothidium acidoclinatum*）；32-41. 克里夫卡氏藻（*Karayevia clevei*）；42-47. 虱形双眉藻（*Amphora pediculus*）；48-52. 卵形双眉藻（*A. ovalis*）（除 40-41，其他标尺为 10 μm）

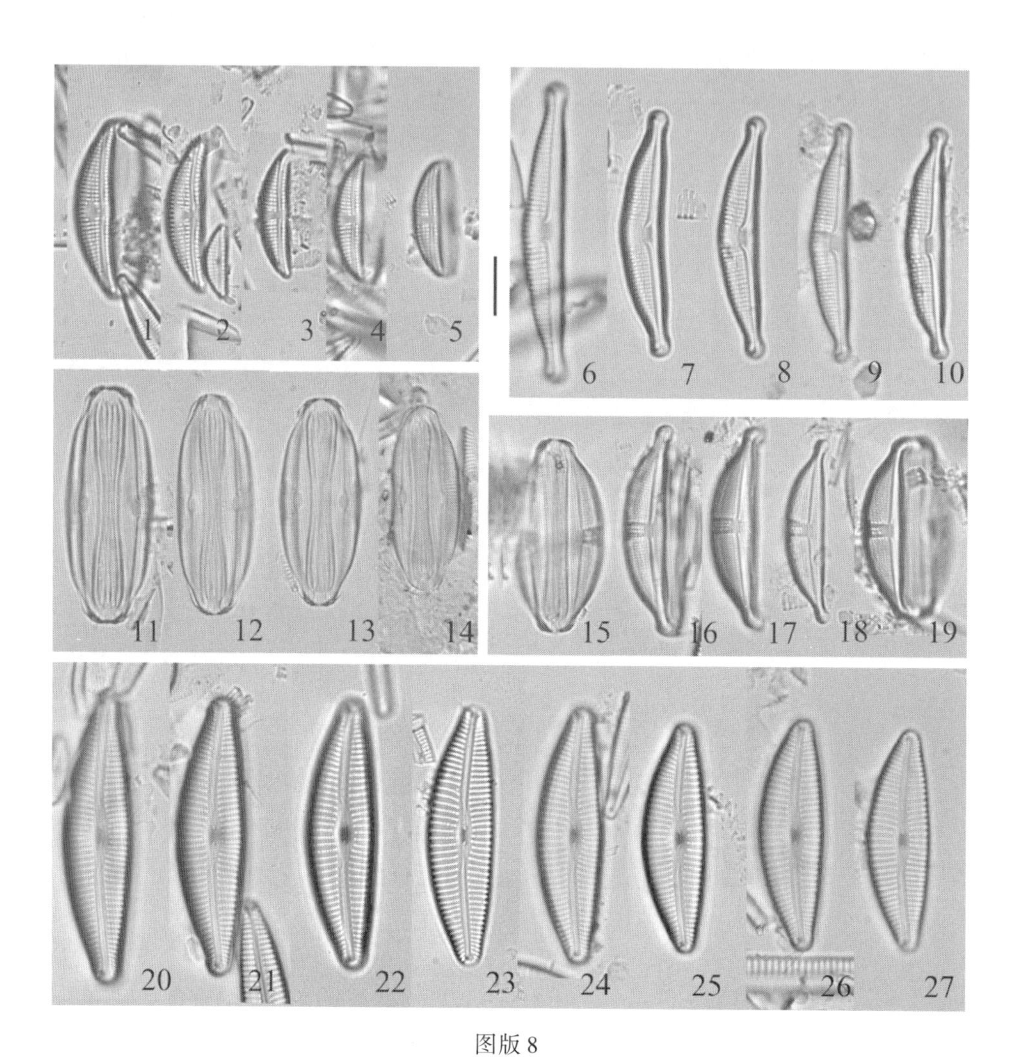

图版 8

1-5. 极小双眉藻（*Amphora minutissima*）；6-10. 诺曼海生双眉藻（*Halamphora normanii*）；11-14. 施罗德海生双眉藻（*H. schroederi*）；15-19. 伪山海生双眉藻（*H. pseudomontana*）；20-27. 苏门答腊桥弯藻（*Cymbella sumatrensis*）（标尺为 10 μm）

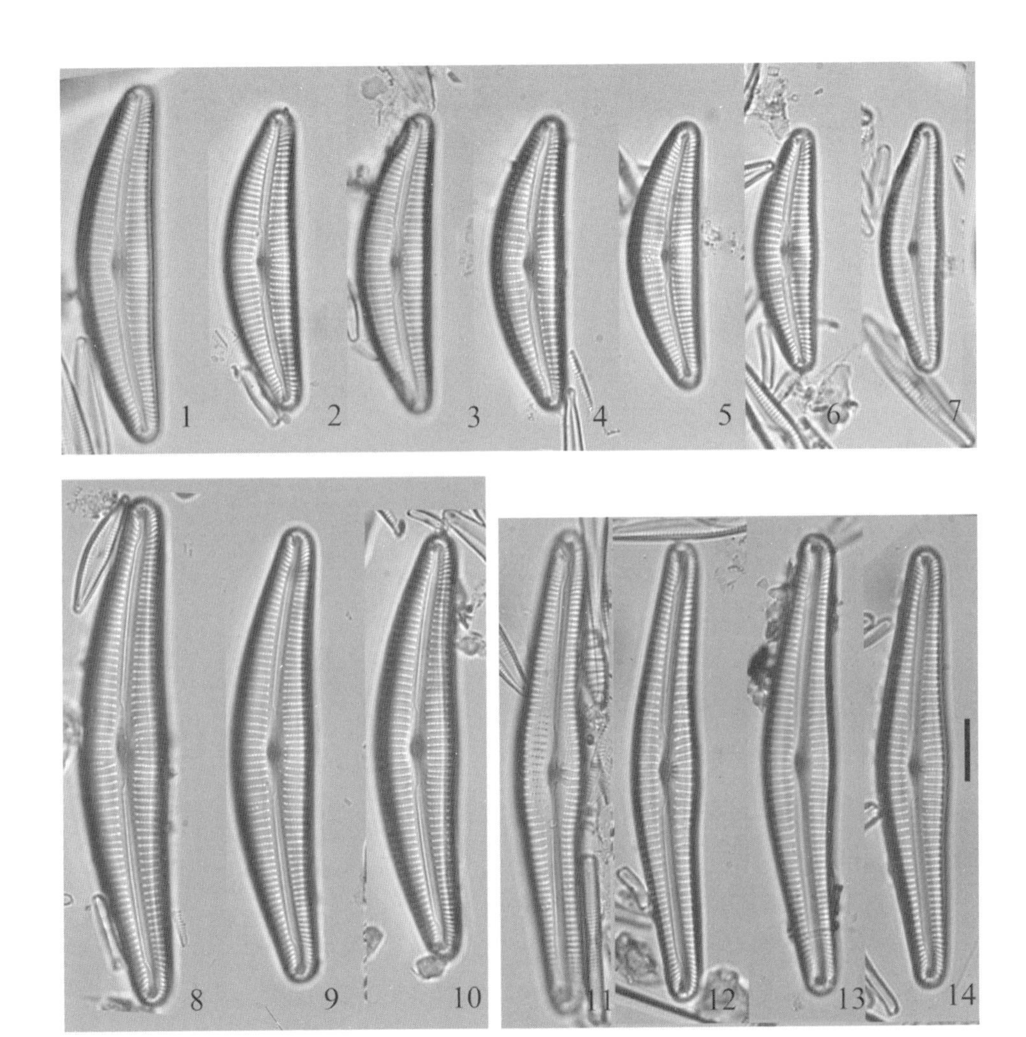

图版 9

1-7. 马吉亚桥弯藻（*Cymbella maggiana*）；8-10. 近微细桥弯藻（*C. pervarians*）；
11-14. 新箱形桥弯藻新月形变种（*C. neocistula* var. *lunata*）（标尺为 10 μm）

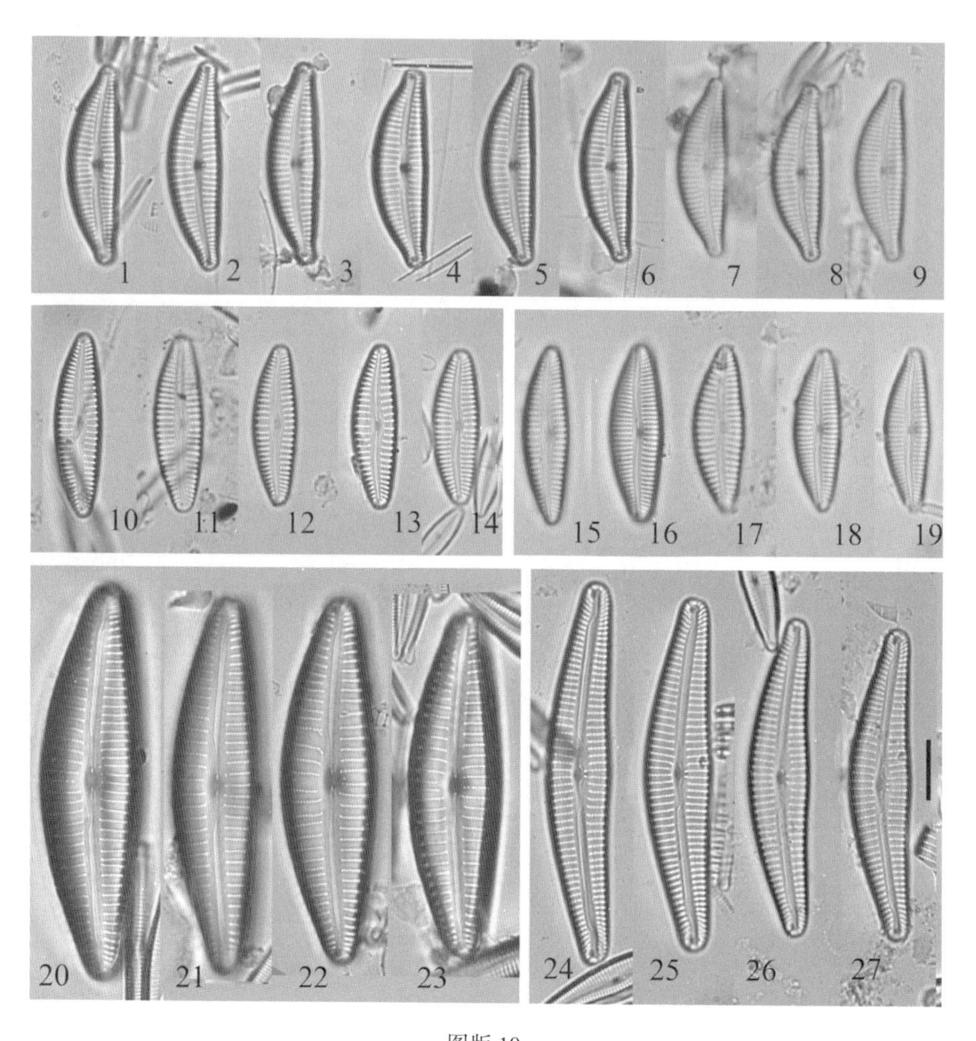

图版 10

1-9. 微细桥弯藻（*Cymbella parva*）；10-14. 胡斯特桥弯藻（*C. hustedtii*）；
15-19. 近细角桥弯藻（*C. subleptoceros*）；20-23. *Cymbella* sp.；
24-27. 极细桥弯藻（*C. perparva*）（标尺为 10 μm）

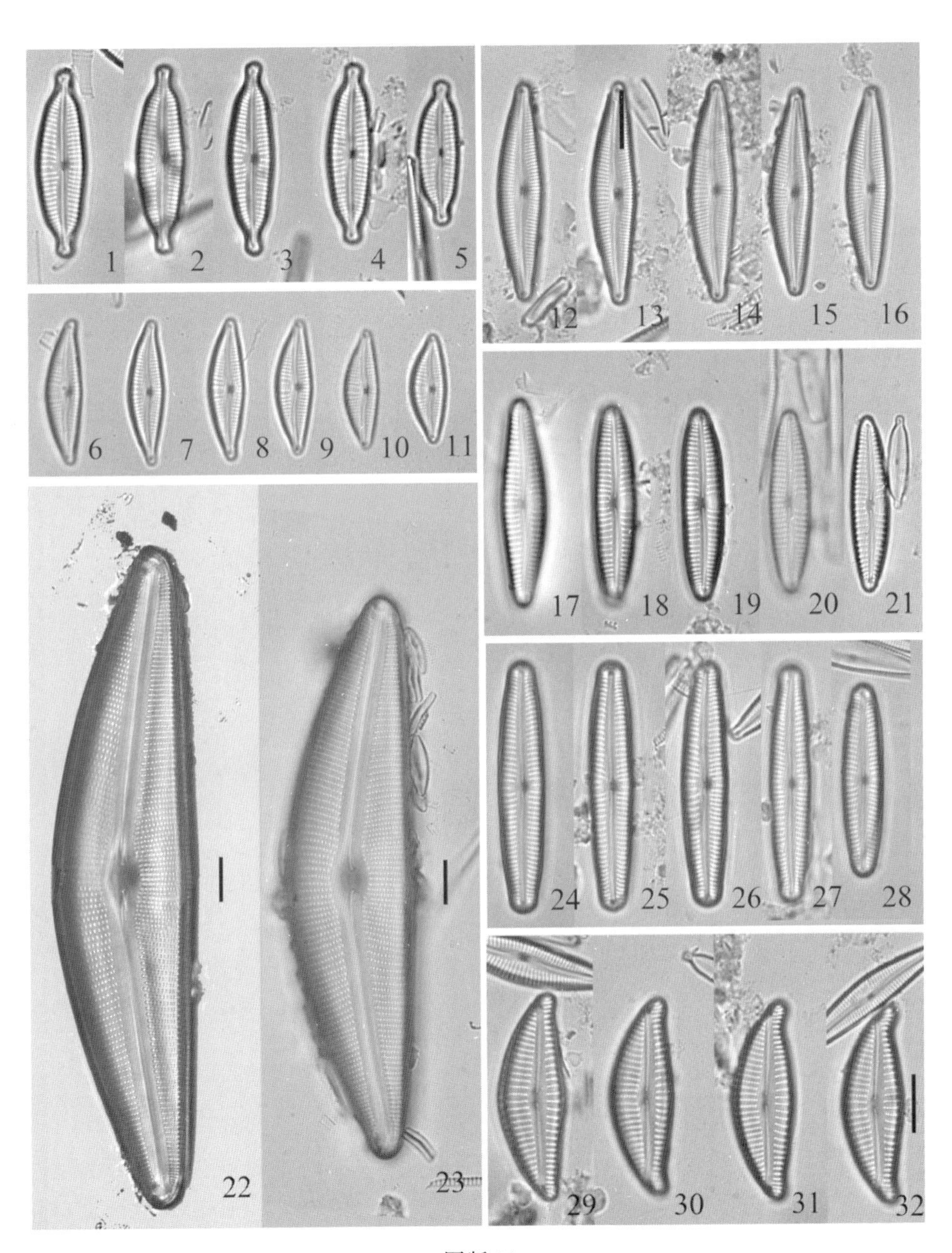

图版 11

1-5. 双头弯肋藻（*Cymbopleura amphicephala*）；6-11. 中华优美藻（*Delicata sinensis*）；12-16. 维里纳优美藻（*D. verena*）；17-21. 库尔伯斯弯肋藻（*Cymbopleura kuelbsii*）；22-23. 粗糙桥弯藻（*Cymbella aspera*）；24-28. 近相等弯肋藻（*Cymbopleura subaequalis*）；29-32. 奥尔斯瓦尔德内丝藻（*Encyonema auerswaldii*）（标尺为 10 μm）

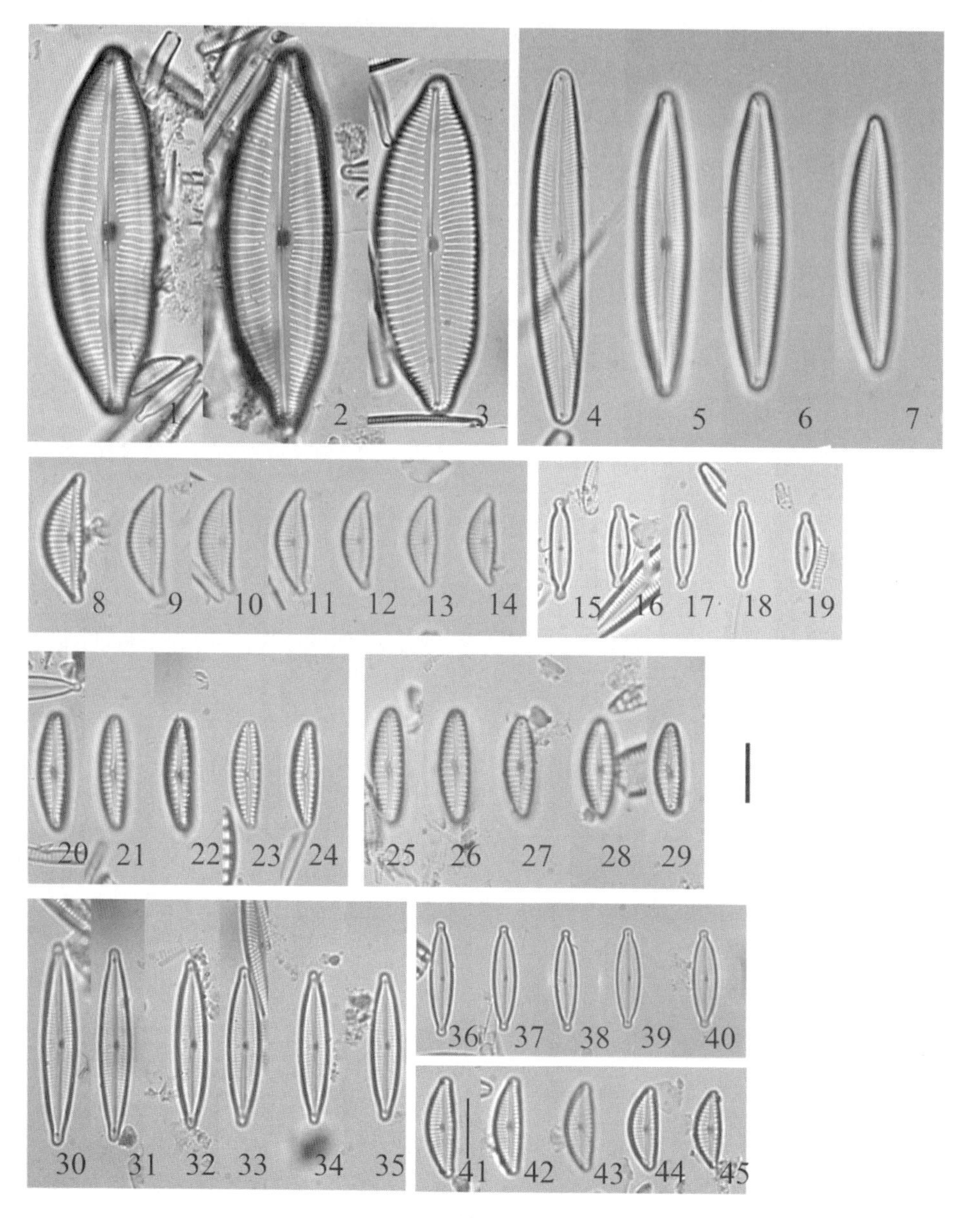

图版 12

1-3. 宽弯肋藻（*Cymbopleura lata*）；4-7. 不定弯肋藻（*C. incerta*）；8-14. 偏肿内丝藻（*Encyonema ventricosum*）；15-19. 粗糙拟内丝藻（*Encyonopsis robusta*）；20-24. 马来西亚内丝藻（*Encyonema malaysianum*）；25-29. *Encyonema* sp.；30-35. 塞萨特拟内丝藻（*Encyonopsis cesatii*）；36-40. 药用拟内丝藻（*E. medicinalis*）；41-45. 微小内丝藻（*Encyonema minutum*）（标尺为 10 μm）

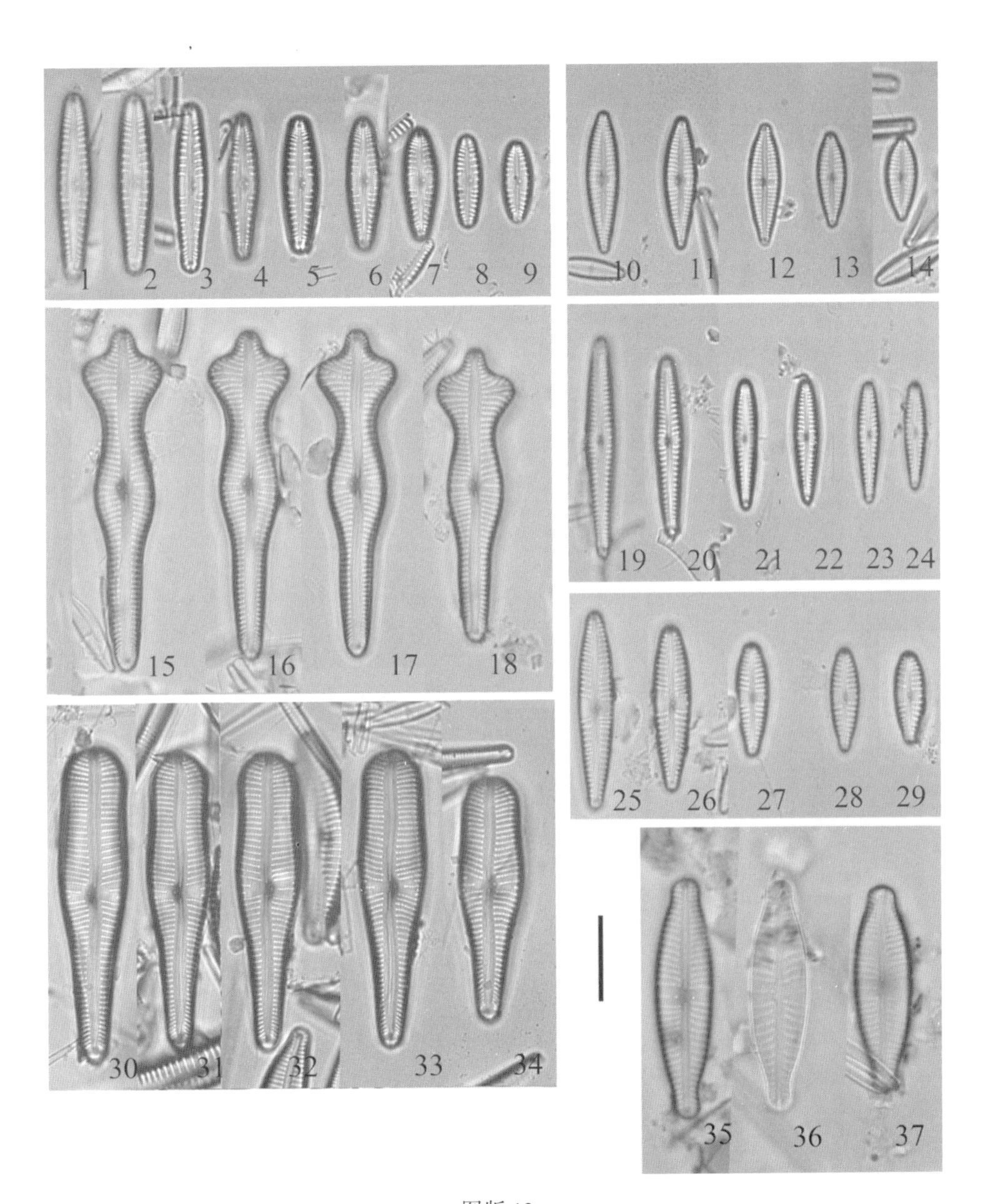

图版 13

1-9. 侧点异极藻（*Gomphonema lateripunctatum*）；10-14. 小型异极藻（*G. parvulum*）；

15-18. 尖异极藻（*G. acuminatum*）；19-24. 光城异极藻（*G. lychnidum*）；

25-29. 小窄异极藻（*G. angustius*）；30-34. 平顶异极藻（*G. truncatum*）；

35-37. 小足异极藻（*G. micropus*）（标尺为 10 μm）

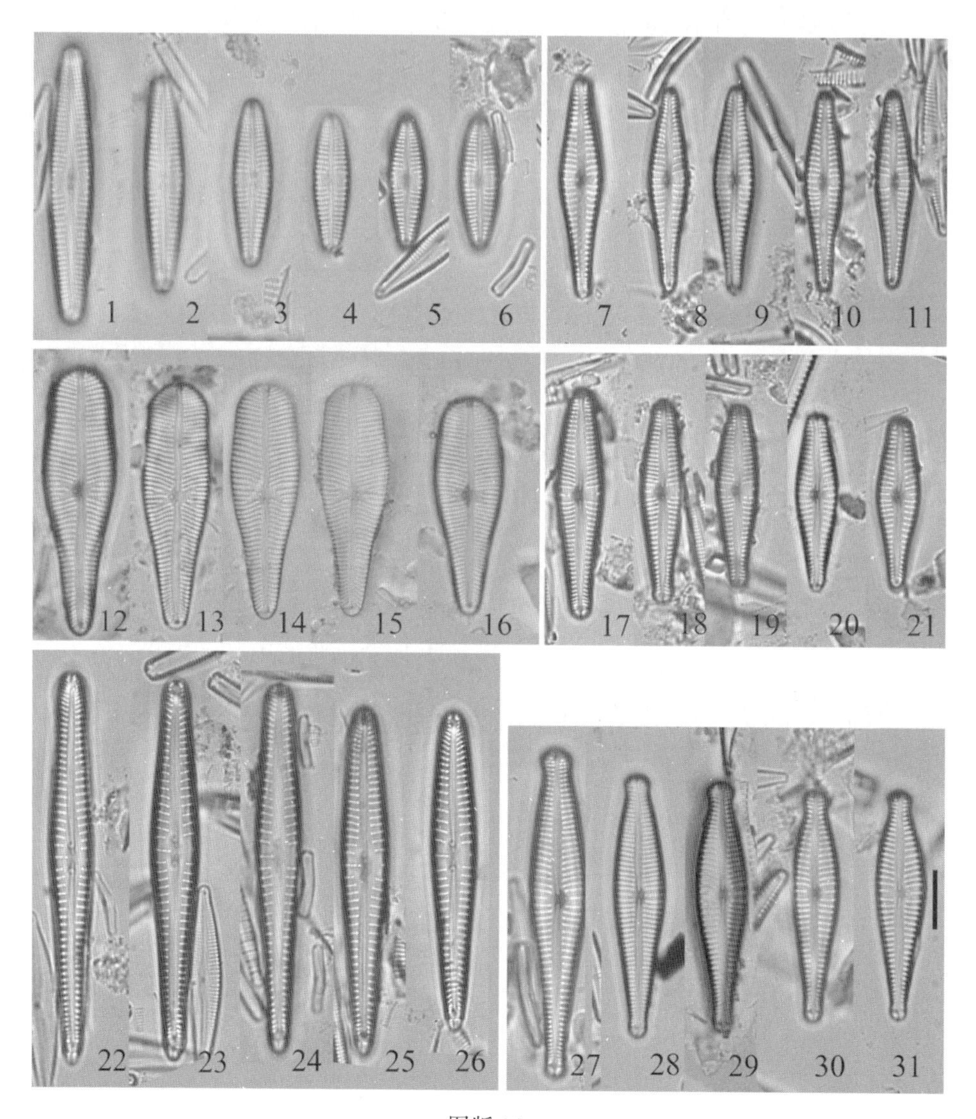

图版 14

1-6. 云台异极藻（*Gomphonema yuntaiensis*）；7-11 *Gomphonema* sp.；12-16. 意大利异极藻（*G. italicum*）；17-21. 亚等形异极藻（*G. subaequale*）；22-26. 弧形异极藻（*G. vibrio*）；27-31. 假具球异极藻（*G. pseudosphaerophorum*）（标尺为 10 μm）

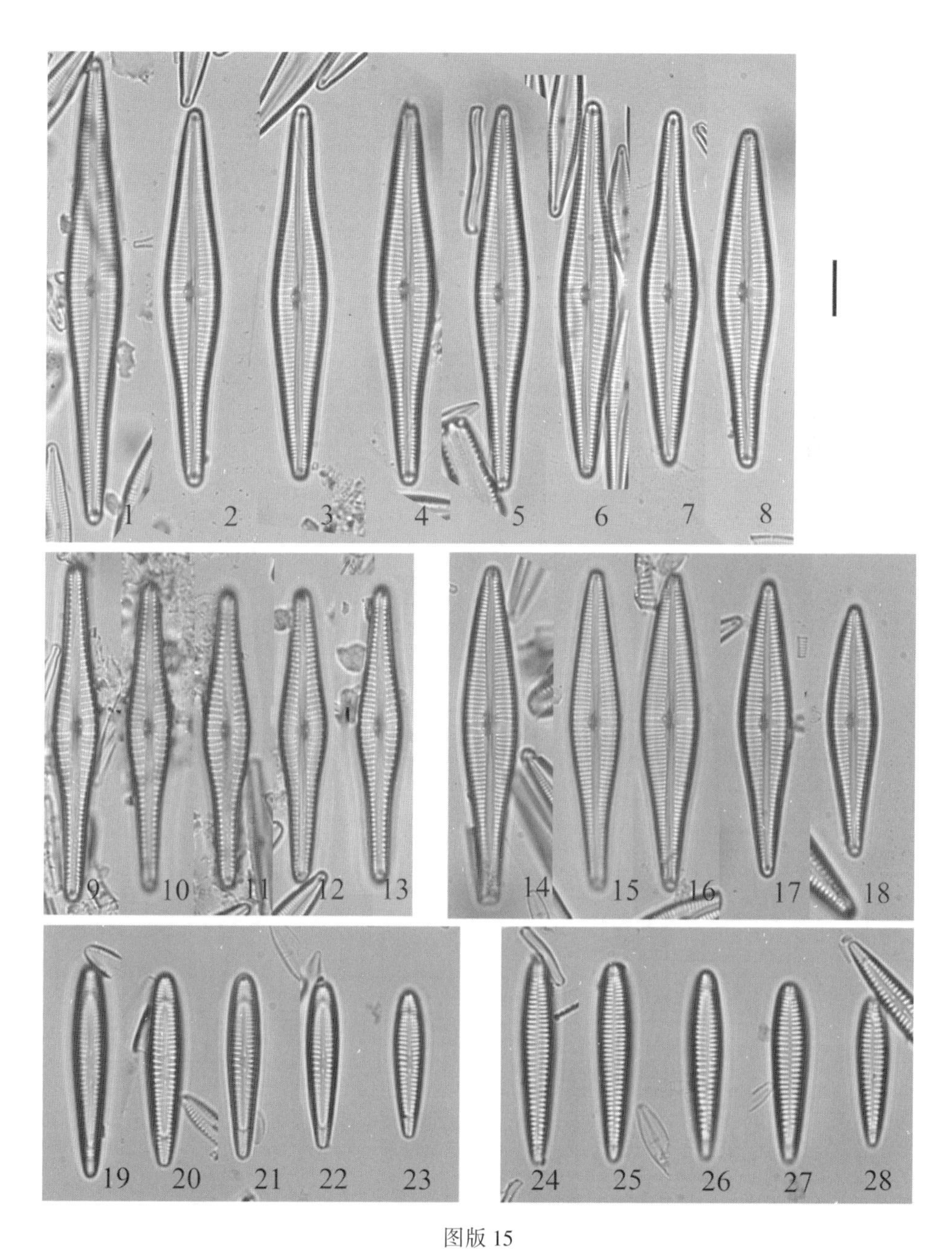

图版 15

1-8. 纤细异极藻（*Gomphonema gracile*）；9-13. 似披针形异极藻（*G. lanceolatoides*）；14-18. 山区异极藻（*G. montanaviva*）；19-28. 短纹弯楔藻（*Rhoicosphenia abbreviata*）（标尺为 10 μm）

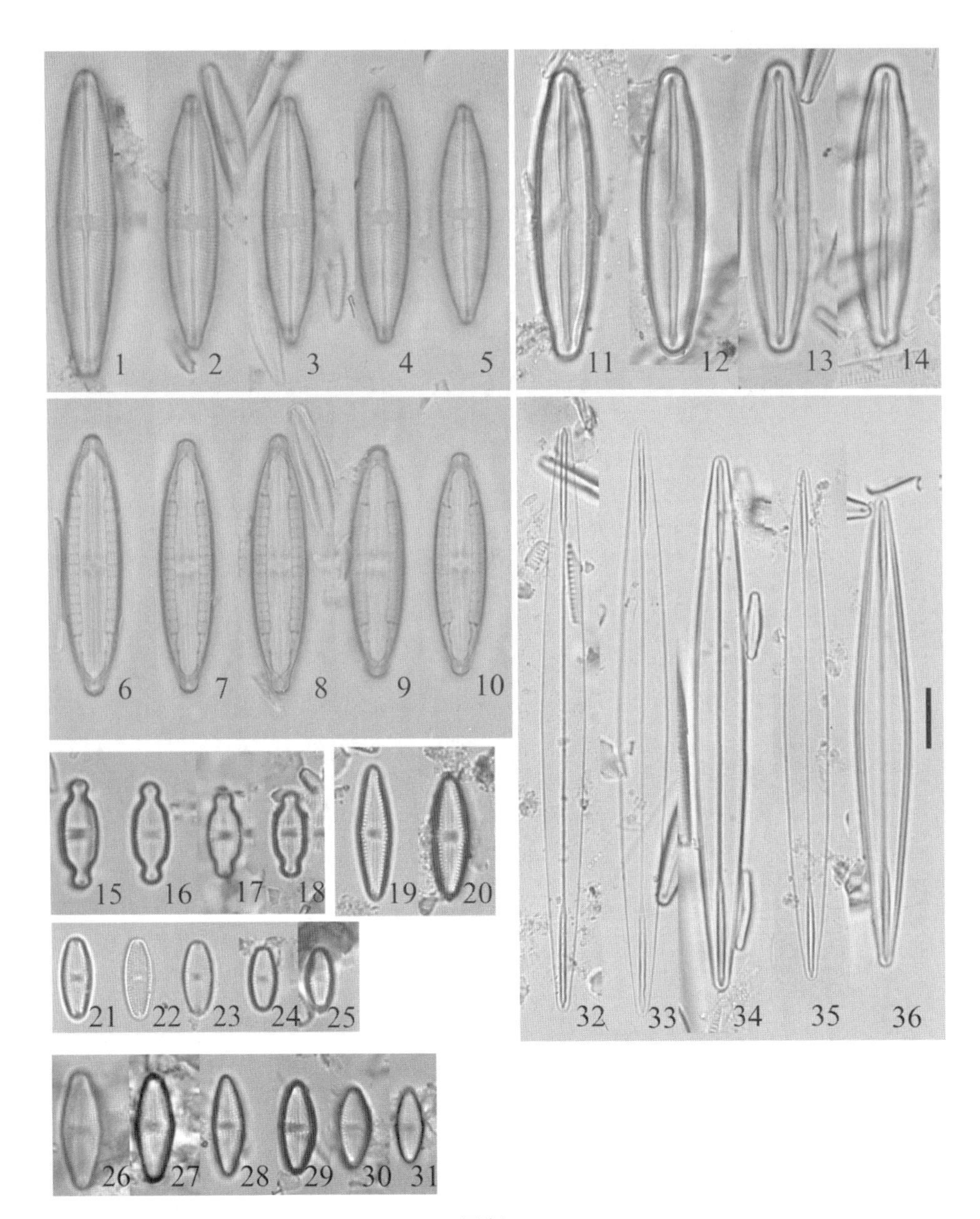

图版 16

1-10. 湖沼胸膈藻（*Mastogloia lacustris*）；11-14. 普生肋缝藻（*Frustulia vulgaris*）；15-18. 偏肿泥生藻（*Luticola ventriconfusa*）；19-20. *Luticola* sp.；21-25. 印加泥生藻（*L. incana*）；26-31. 近菱形泥生藻（*L. pitranensis*）；32-36. 明晰双肋藻（*Amphipleura pellucida*）（标尺为 10 μm）

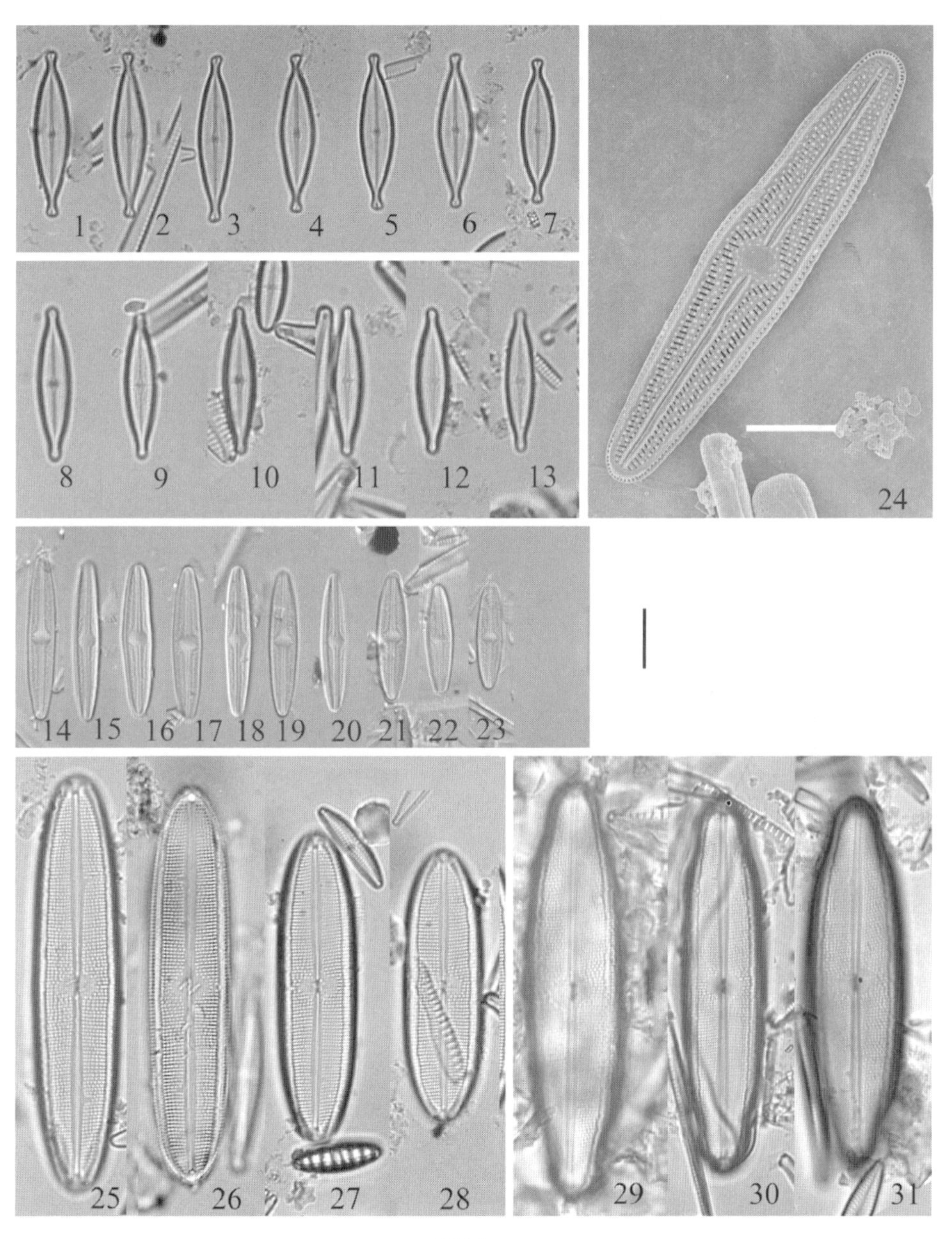

图版 17

1-7. 近瘦短纹藻（*Brachysira neoexilis*）；8-13. 窄短纹藻（*B. angusta*）；14-24. *Brachysira* sp.；25-28. 青藏长篦藻（*Neidium tibetianum*）；29-31. 细纹长篦藻（*N. affine*）（标尺为 10 μm）

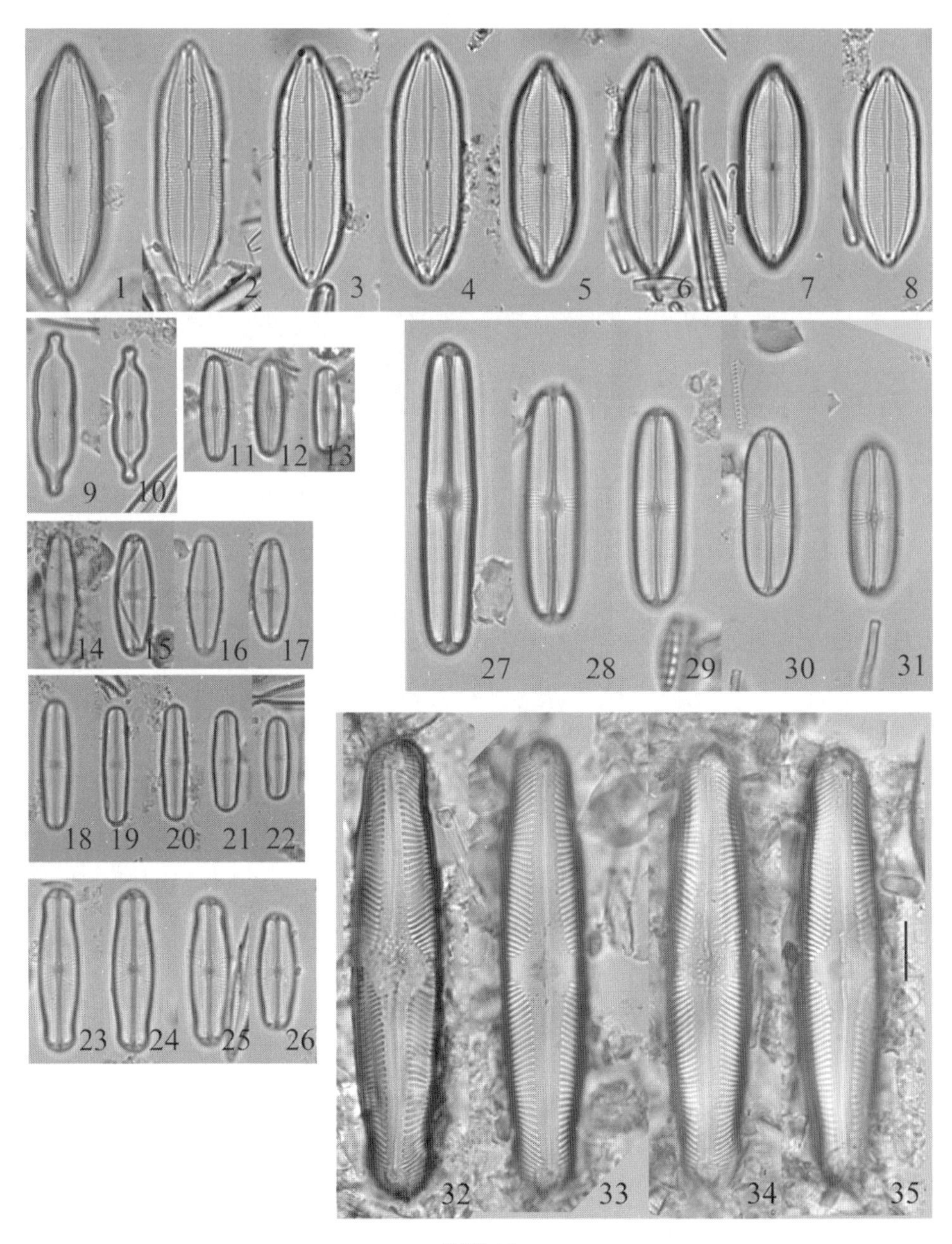

图版 18

1-8. 楔形长篦藻（*Neidium cuneatiforme*）；9-10. 似双结长篦形藻（*Neidiomorpha binodiformis*）；11-13. 杆状鞍形藻（*Sellaphora bacillum*）；14-17. 亚头状鞍形藻（*S. perobesa*）；18-22. 施特罗母鞍形藻（*S. stroemii*）；23-26. 瞳孔鞍形藻（*S. pupula*）；27-31. 蒙古鞍形藻（*S. mongolocollegarum*）；32-35. 分歧羽纹藻菱形变种（*Pinnularia divergens* var. *rhombundulata*）（标尺为 10 μm）

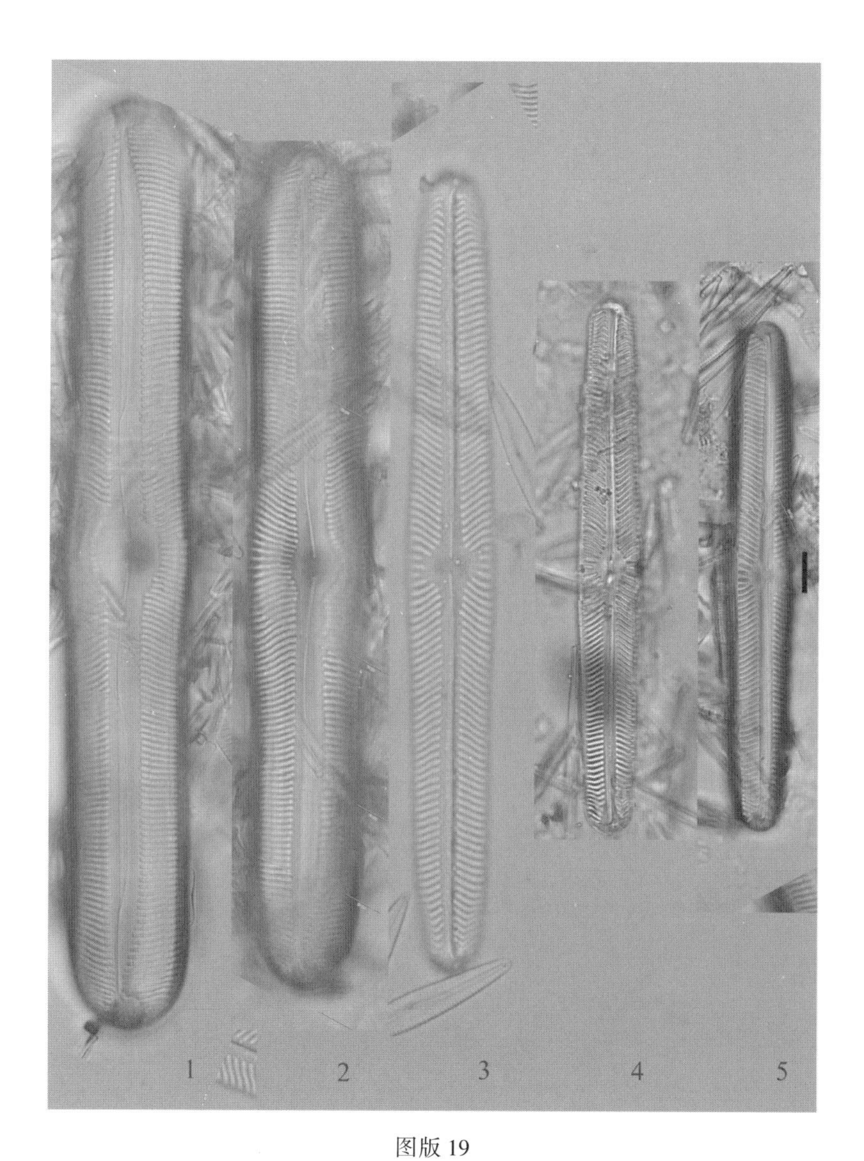

图版 19

1-2. 较大羽纹藻（*Pinnularia major*）；3-5. 极长圆舟形藻（*Navicula peroblonga*）

（标尺为 10 μm）

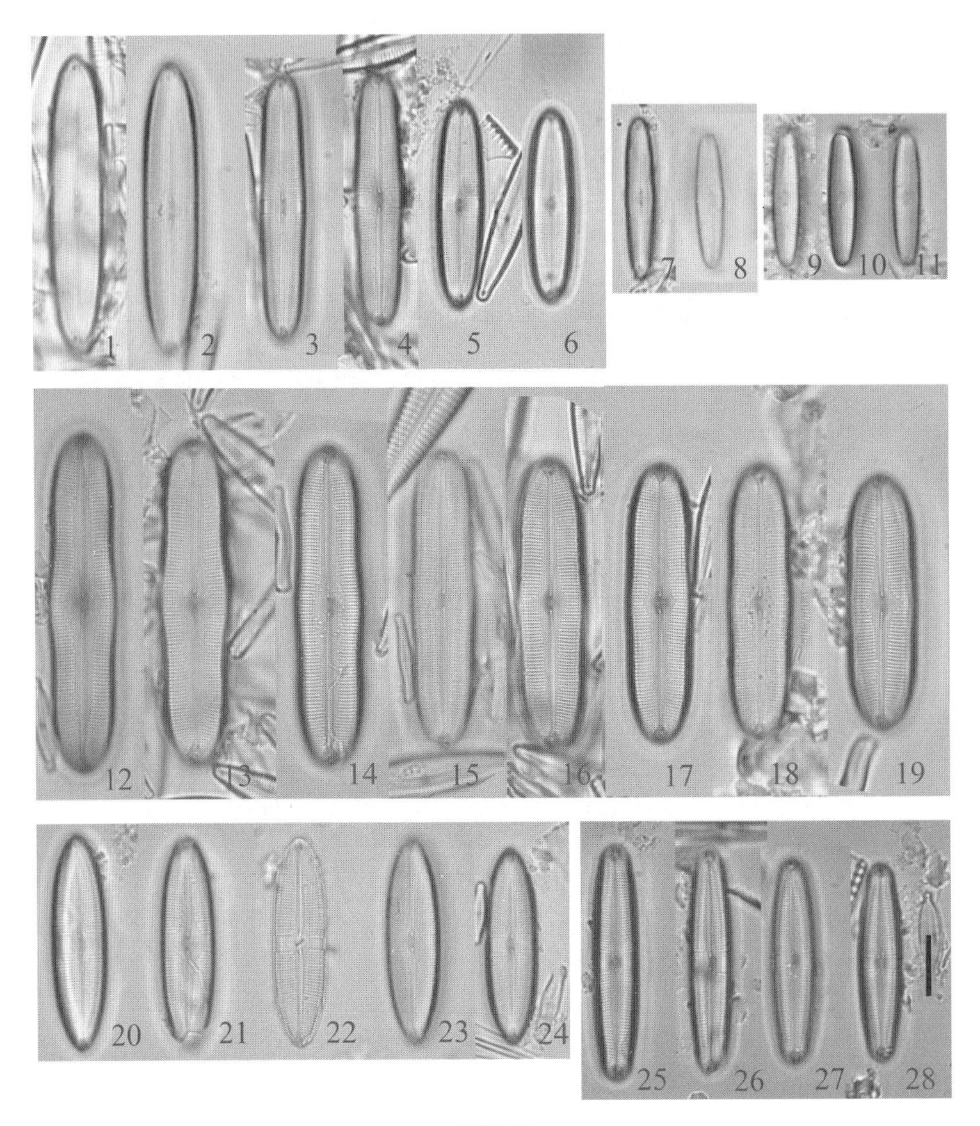

图版 20

1-2. 奥地欧莎美壁藻（*Caloneis odiosa*）；3-6. 镰形美壁藻（*C. falcifera*）；7-8. 棘突美壁藻（*C. laticingulata*）；9-11. 杆状美壁藻（*C. bacillum*）；12-19. 短角美壁藻（*C. silicula*）；20-24. *Caloneis* sp.；25-28. 磨石形美壁藻（*C. molaris*）（标尺为 10 μm）

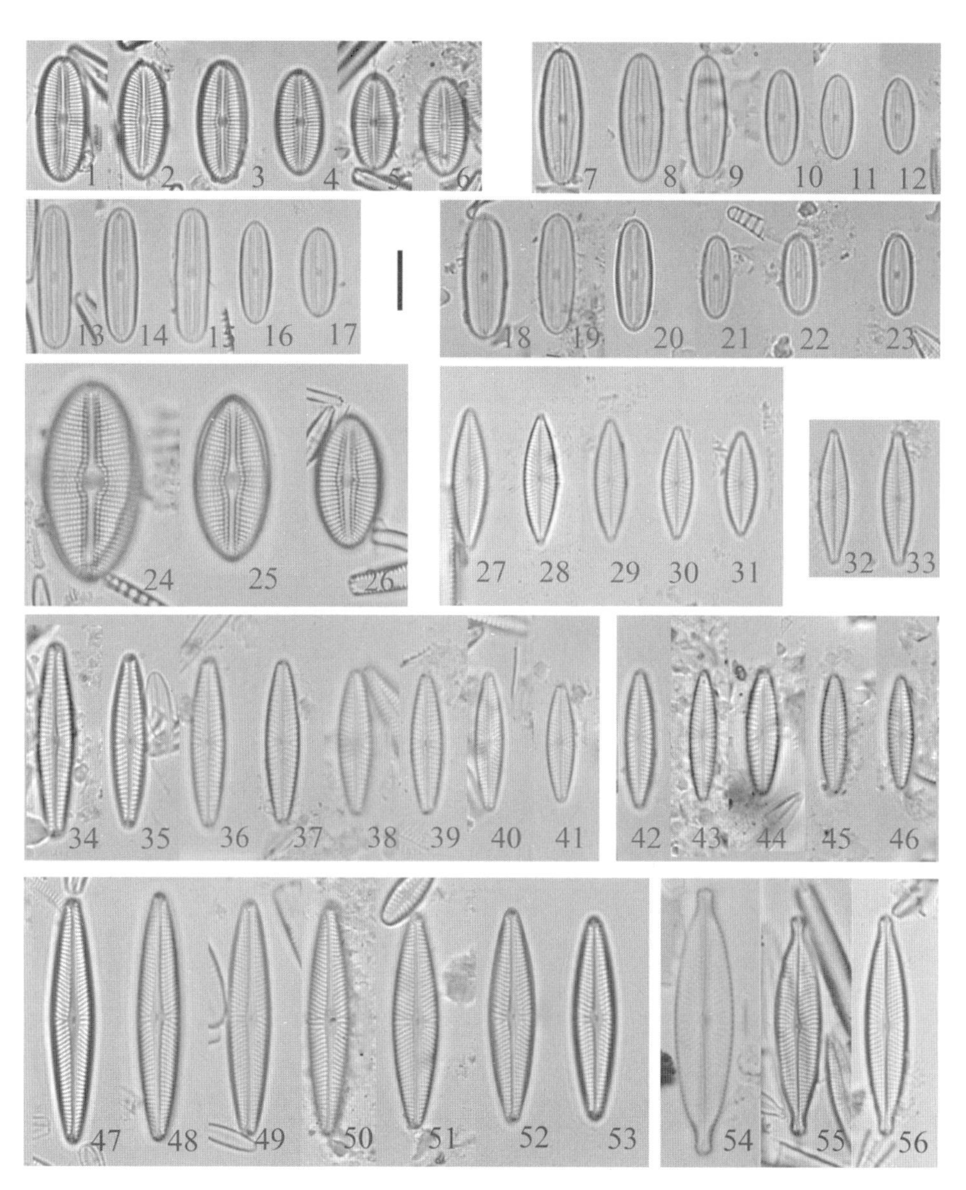

图版 21

1-6. 小圆盾双壁藻（*Diploneis parma*）；7-12. 彼得森双壁藻（*D. petersenii*）；13-17. 微小双壁藻（*D. minuta*）；18-23. *Diploneis* sp.；24-26. 喜钙双壁藻（*D. calcilacustris*）；27-31. 隆德舟形藻（*Navicula lundii*）；32-33. 三角舟形藻（*N. trilatera*）；34-41. 荔波舟形藻（*N. libonensis*）；42-46. 类隐柔弱舟形藻（*N. cryptotenelloides*）；47-53. 假放射舟形藻（*N. radiosafallax*）；54. 短喙形舟形藻（*N. rostellata*）；55-56. 辐头舟形藻（*N. capitatoradiata*）（标尺为 10 μm）

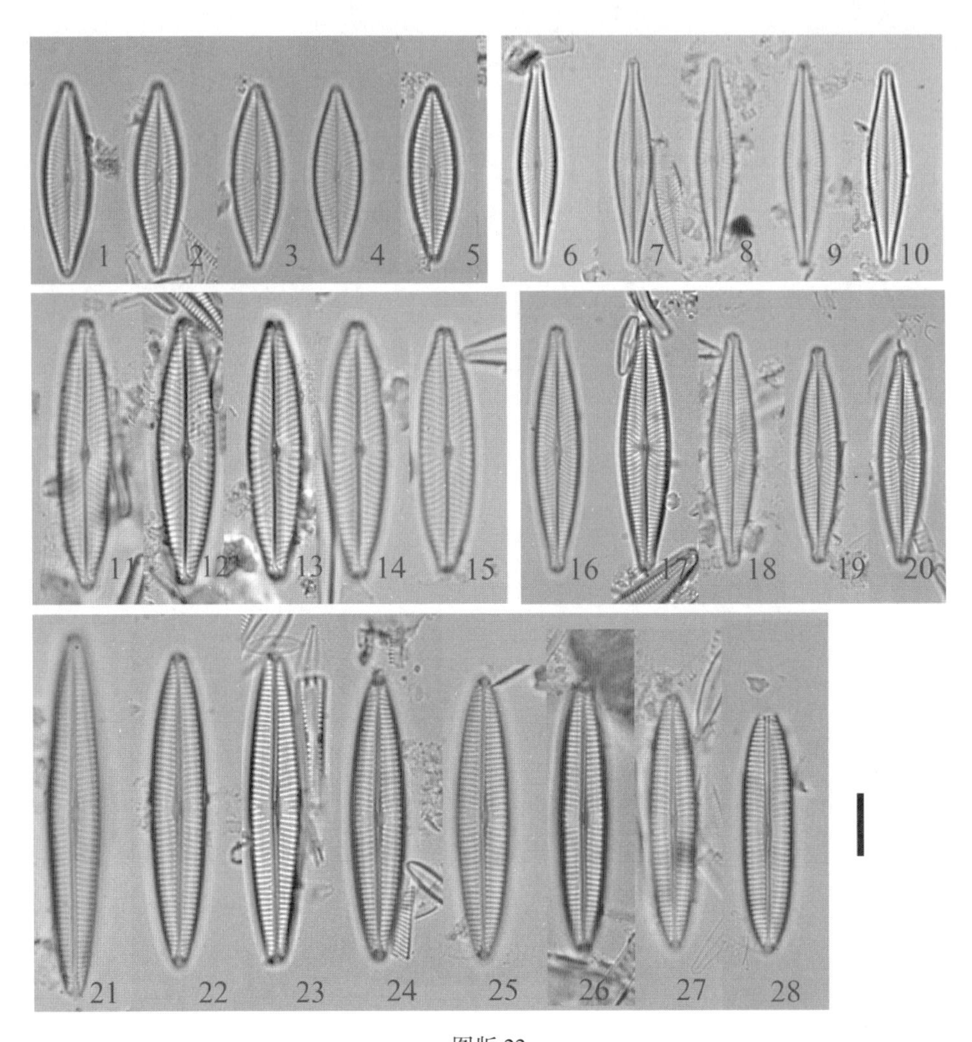

图版 22

1-5. 平凡舟形藻（*Navicula trivialis*）；6-10. 隐头舟形藻（*N. cryptocephala*）；
11-15. 淡绿舟形藻（*N. viridula*）；16-20. 克莱默舟形藻（*N. krammerae*）；
21-28. 三斑点舟形藻（*N. tripunctata*）（标尺为 10 μm）

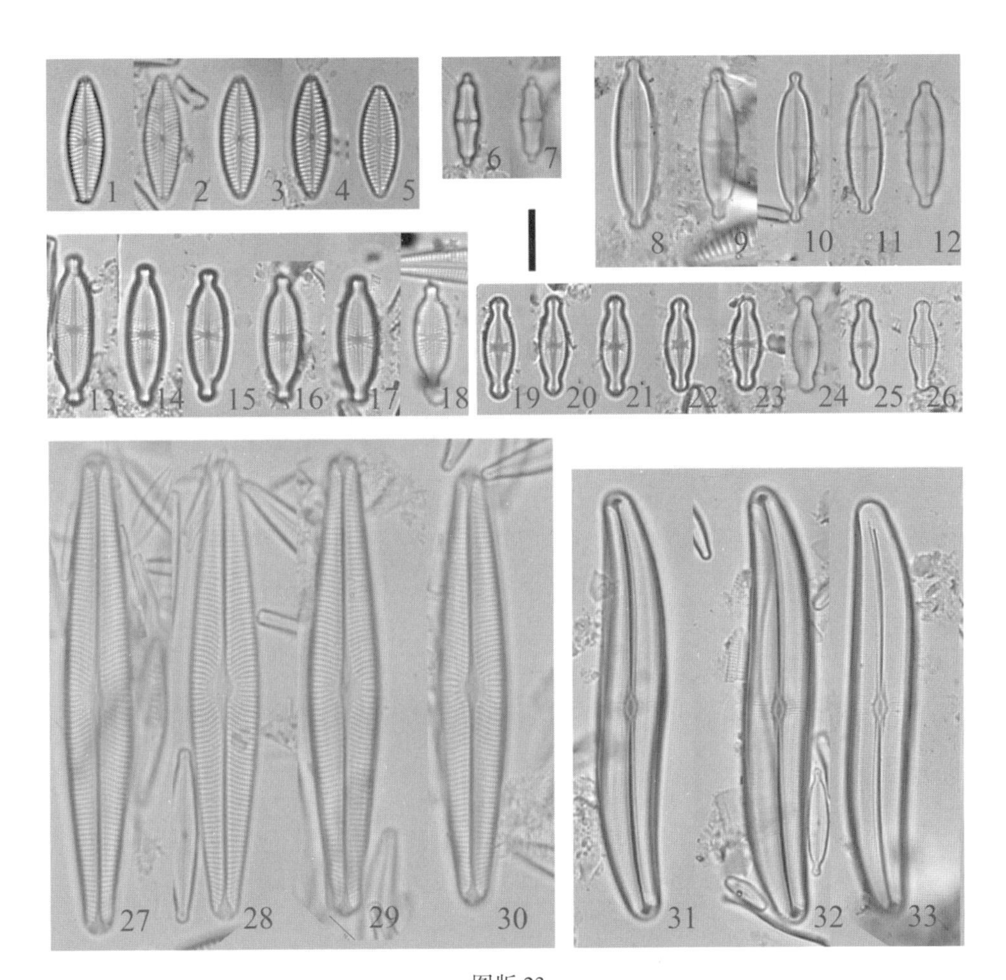

图版 23

1-5. 安氏舟形藻（*Navicula antonii*）；6-7. 分隔辐节藻（*Stauroneis separanda*）；8-12. 克里格辐节藻（*S. kriegeri*）；13-18. 科氏杜氏藻（*Dorofeyukea kotschyi*）；19-26. 日本辐节藻（*Stauroneis japonica*）；27-30. 庄严舟形藻（*Navicula venerablis*）；31-33. 锉刀状布纹藻（*Gyrosigma scalproides*）

（标尺为 10 μm）

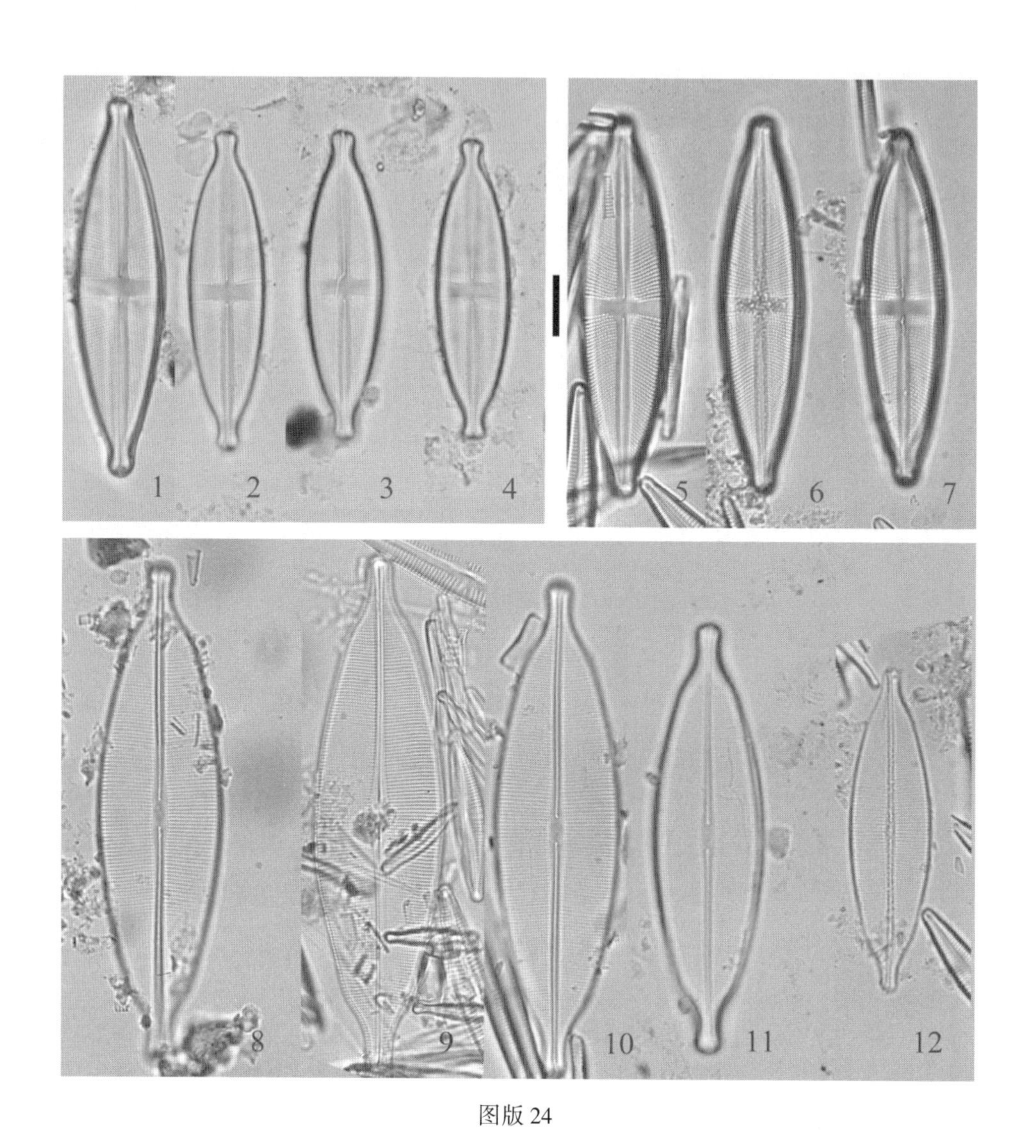

图版 24

1-4. 两头辐节藻（*Stauroneis amphicephala*）；5-7. 近纤弱辐节藻（*S. subgracilis*）；
8-12. 模糊杯状藻（*Craticula ambigua*）（标尺为 10 μm）

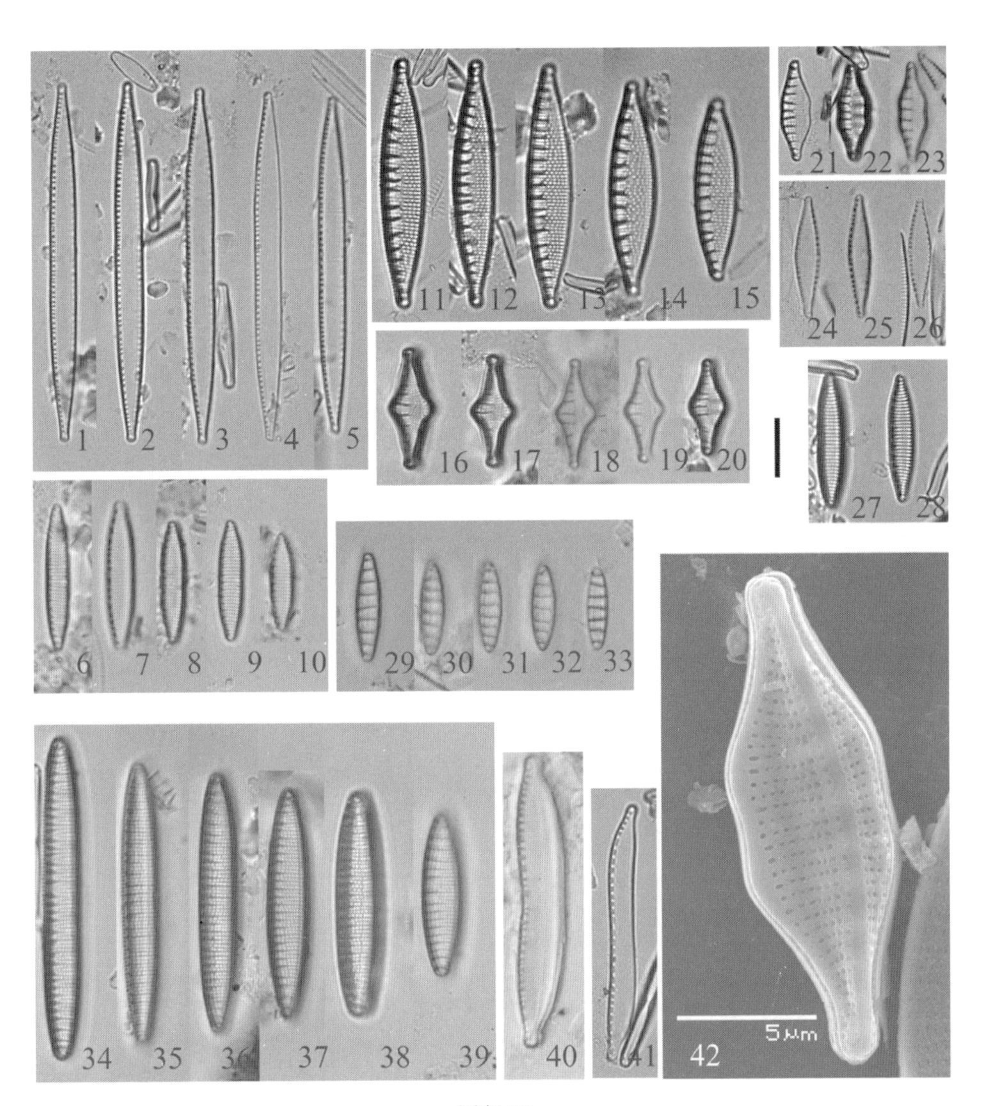

图版 25

1-5. 谷皮菱形藻（*Nitzschia palea*）；6-10. 两栖菱形藻（*N. amphibia*）；11-15. 萨德洛格鲁诺藻（*Grunowia solgensis*）；16-20. 平片格鲁诺藻（*G. tabellaria*）；21-23，42. 山西菱形藻（*Nitzschia shanxiensis*）；24-26. 沟坑菱形藻（*N. lacuum*）；27-28. 狭窄盘杆藻（*Tryblionella angustatula*）；29-33. 华美细齿藻（*Denticula elegans*）；34-39. 库津细齿藻（*D. kuetzingii*）；40. 两尖菱板藻（*Hantzschia amphioxys*）；41. 土栖菱形藻（*Nitzschia terrestris*）（除 42，其他标尺为 10 μm）

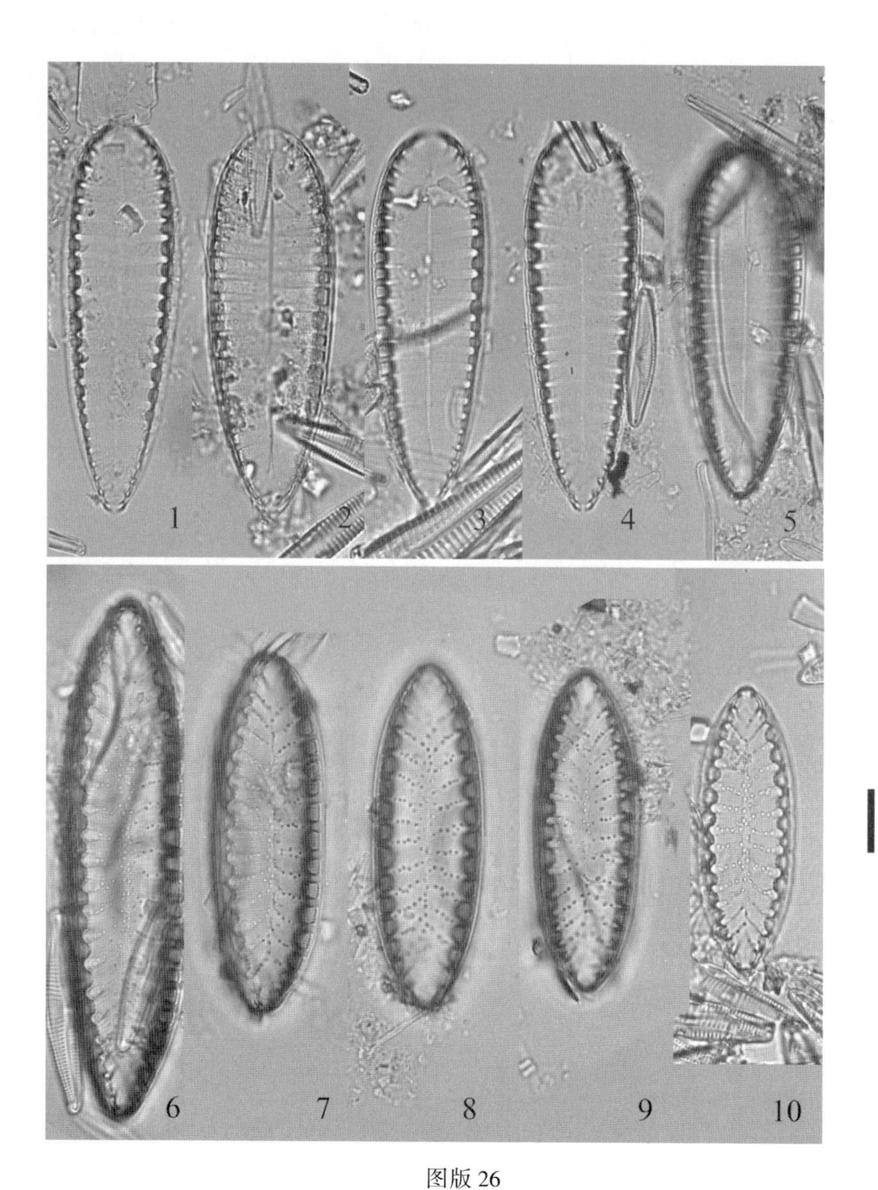

图版 26

1-5. 柔软双菱藻（*Surirella tenera*）；6-10. 线性双菱藻淡黄变种（*S. linearis* var. *Helvetica*）

（标尺为 10 μm）

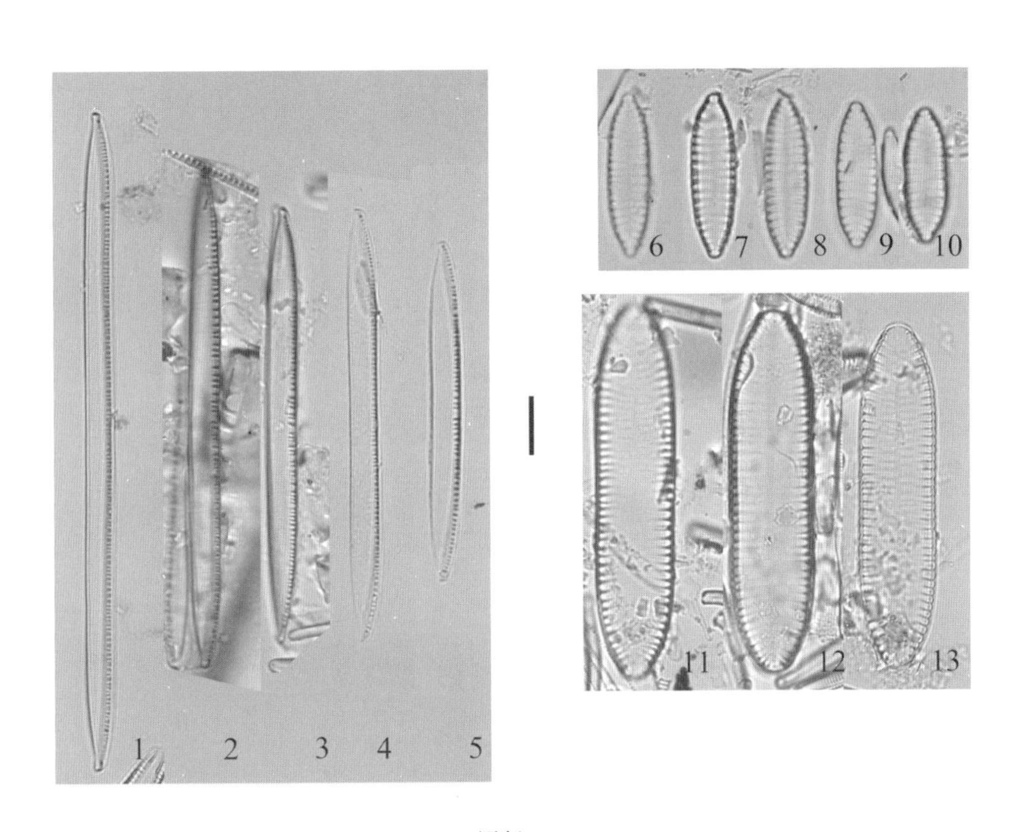

图版 27

1-5. 线形菱形藻（*Nitzschia linearis*）；6-10. 窄双菱藻（*Surirella angusta*）；
11-13. 细长双菱藻（*S. gracilis*）（标尺为 10 μm）

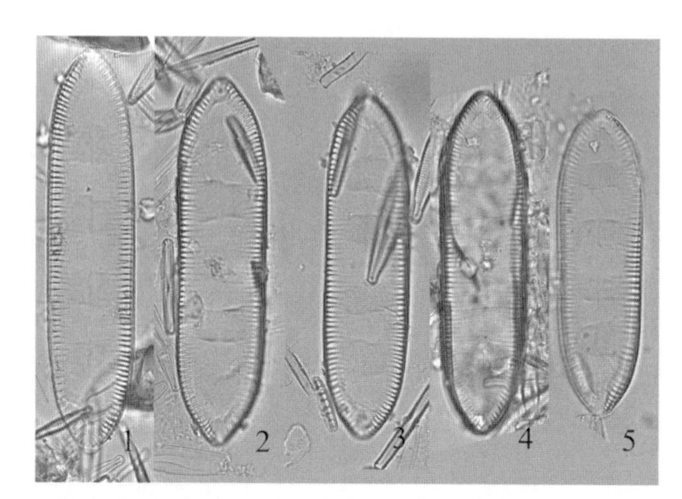

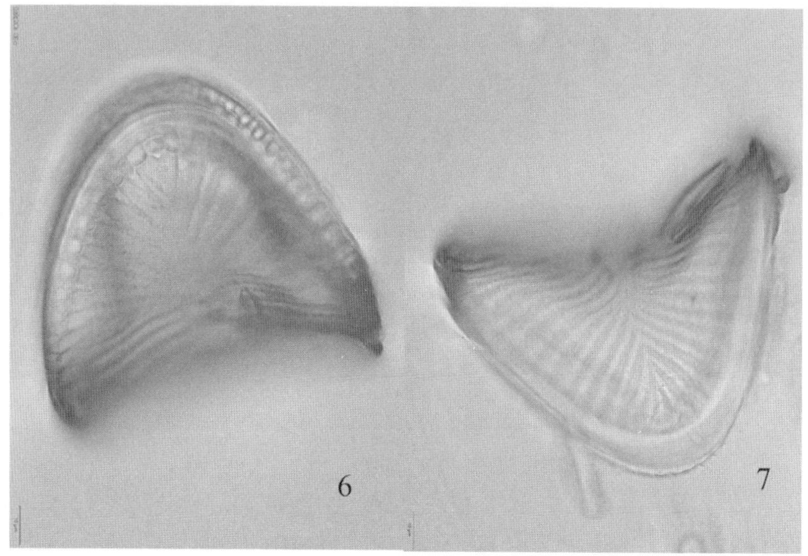

图版 28

1-5. 草鞋形波缘藻整齐变种（*Cymatopleura solea* var. *regula*）；

6-7. 冬生马鞍藻（*Campylodiscus hibernicus*）（标尺为 10 μm）

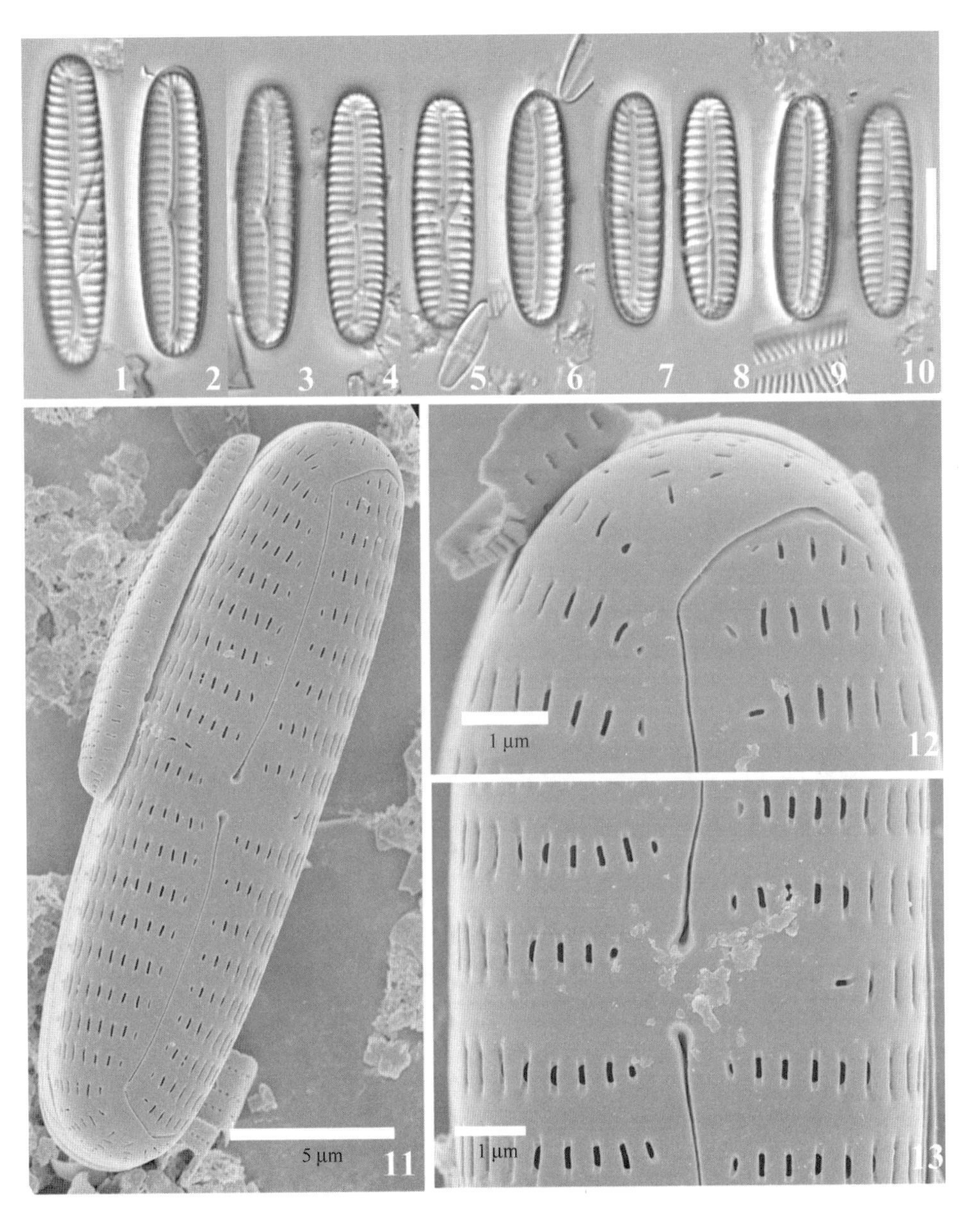

图版 29

1-13. 长椭圆内丝藻（*Encyonema oblonga*）

［1-10（光学显微镜），11-13（扫描电子显微镜）；1-10 标尺为 10 μm］

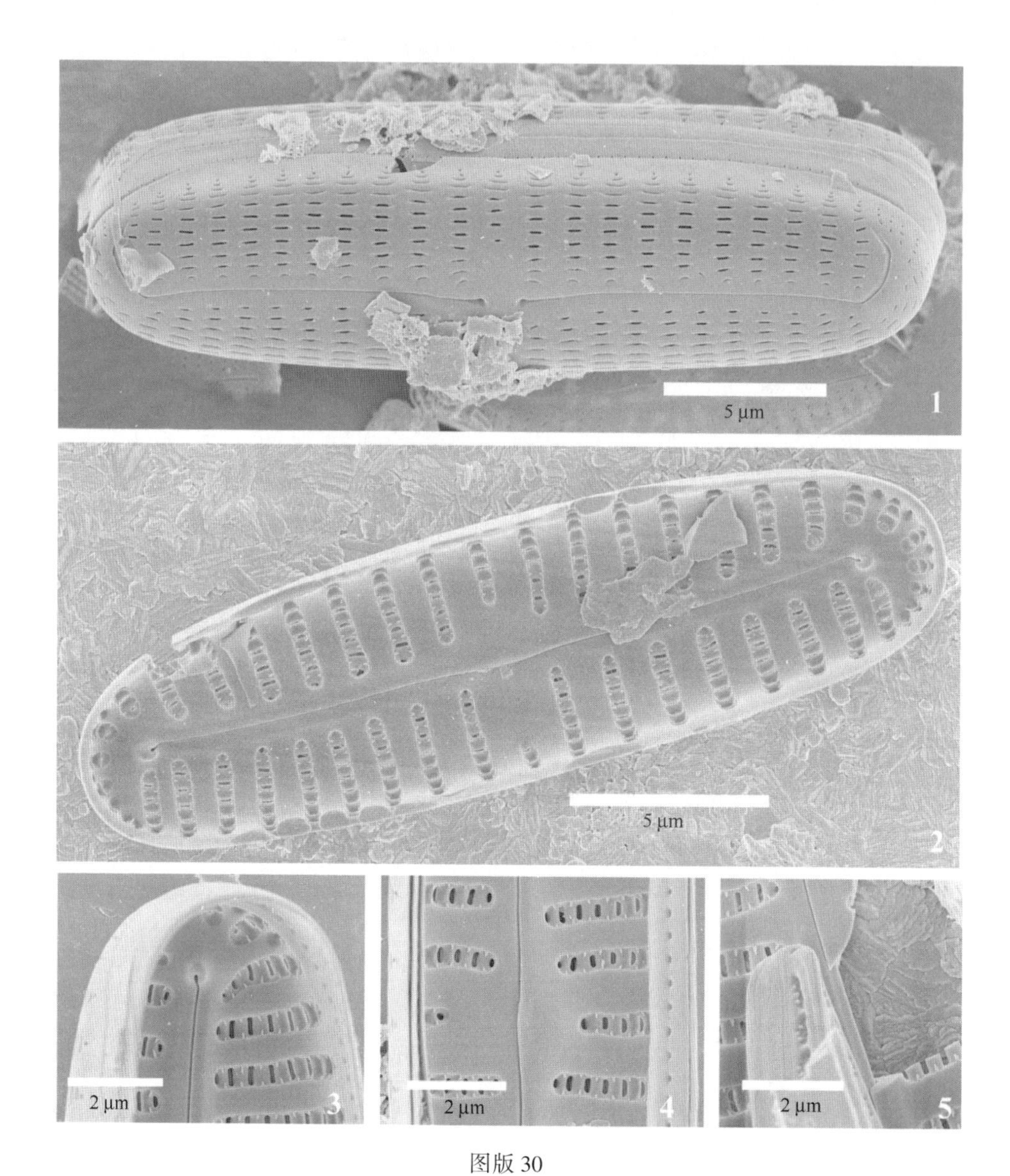

图版 30

1-5. 长椭圆内丝藻（*Encyonema oblonga*）（扫描电子显微镜）